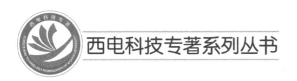

西电科技专著系列丛书

基于粒计算的数据分析与系统建模

Data Analysis and System Modeling Using Granular Computing

朱修彬　著

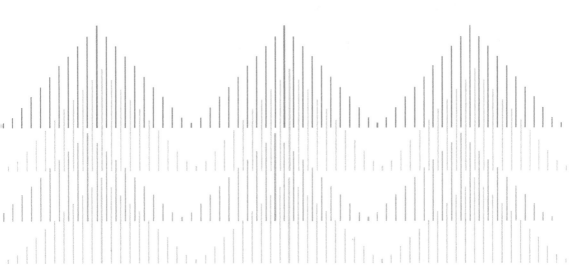

西安电子科技大学出版社

内 容 简 介

本书建立了统一的基于粒计算的概念和算法框架,并将这些概念和算法用于数据分析和系统建模;讨论了粒计算的前沿和热点问题,如信息粒的编码与解码、信息粒的表示和构建、基于信息粒度最优分配的粒度模糊模型的建立、基于粒度模型的异常值检测、基于信息粒的预测模型设计、模型可解释性的研究等。本书内容涵盖了数据挖掘和粒计算的诸多前沿问题,并且对所提及的每个数据分析和建模算法都进行了详尽的描述和实验。

本书可供数据挖掘领域的研究人员、学生、IT 业者等参考学习。

图书在版编目(CIP)数据

基于粒计算的数据分析与系统建模 / 朱修彬著. --西安:西安电子科技大学出版社,2024.4
ISBN 978 - 7 - 5606 - 7095 - 9

Ⅰ. ①基… Ⅱ. ①朱… Ⅲ. ①数据处理②系统建模 Ⅳ. ① TP274② N945.12

中国国家版本馆 CIP 数据核字(2023)第 234535 号

策 划 刘小莉 戚文艳
责任编辑 杨 薇
出版发行 西安电子科技大学出版社(西安市太白南路 2 号)
电 话 (029)88202421 88201467 邮 编 710071
网 址 www. xduph. com 电子邮箱 xdupfxb001@163.com
经 销 新华书店
印刷单位 西安日报社印务中心
版 次 2024 年 4 月第 1 版 2024 年 4 月第 1 次印刷
开 本 787 毫米×960 毫米 1/16 印张 8.75
字 数 150 千字
定 价 37.00 元
ISBN 978 - 7 - 5606 - 7095 - 9/TP
XDUP 7397001 - 1

＊＊＊如有印装问题可调换＊＊＊

前　言

随着信息时代的发展，伴随各种服务和应用如网络监控、车载服务系统、医疗服务和电子商务等所产生的数据持续增长，如何分析和利用这些数据来制定商业服务策略、为用户提供各种建议或者揭示数据内部规律等成为挑战性的难题。人们开发了各种智能系统来处理这些难题，这些系统服务于各自的领域，并且取得了很多成果。不过，一个优秀的智能系统应具有与用户进行良好双向沟通的能力，可以接收用户以自然语言表达的请求，并且将处理结果或建议以一种容易理解的方式传递给用户。除了处理数值型数据以外，智能系统还应具有处理非数值型数据，如用户的意见和评判等的能力。能够满足这种需求的智能系统必须建立在比数值型数据更高类型的数据即信息粒的基础上。显然，这种智能系统所给出的答案或建议也是以信息粒的形式来呈现给用户的。这种比数值型数据更抽象、具有更高类型的结果保持了良好的可解读性。目前已有的智能系统尚没有达到如此水平。为了满足这样的需求，以信息粒为处理对象的粒计算成为一个极具发展前景的研究方向。本书拟建立统一的基于粒计算的概念和算法框架，这就需要解决一系列问题，如信息粒的编码与解码、信息粒的表示和构建、基于信息粒度最优分配的粒模糊模型的建立等。

信息粒是支撑粒计算的基本组成要素，并且也被用来同外部环境进行交互。本书将讨论信息粒的编码/解码这一基础问题。该问题概括如下：假设有一个由粒数据 X_1，X_2，$\cdots$，X_N（集合、模糊集等）构成的有限集合，如何构建一个由 c 个信息粒组成的最优码本 A_1，A_2，$\cdots$，$A_c (c \ll N)$，使得 X_k 能够通过 A_i 来进行编码-解码，并且使得解码误差最小化。由于信息粒解码误差的普遍存在，当信息粒经过编码-解码这一过程后，会生成更高类型的信息粒（如果 X_k 是 1-型的信息粒，解码后生成 2-型信息粒）。本书创新性地提出了基于 possibility 理论并结合模糊关系演算来进行信息粒编码-解码的机制；同时探讨了相应的优化策略，设计了基于区间隶属度函数边界距离的目标函数，通过对此目标函数的优化使得解码误差达到最小。

本书还讨论了如何通过利用合理粒度准则，在原始数值型数据的基础上创建一系列有意义、具有良好描述能力的超椭圆体信息粒，并且研究了这些信息粒对于原始数据的重建能力。我们的目标是使所构建的信息粒能够很好地刻画和描述原始数据，并且反映数据的内在拓扑结构。合理粒度准则是通过在信息粒的覆盖率和具体性之间寻求一个平衡点来构造信息粒的。通过设计合理的适应度函数并且采取一定的优化策略，本书提出了一个基于覆盖率和具体性双目标优化函数的两阶段信息粒构建机制。首先通过模糊聚类方法确定一系列的数值原型 v_1，v_2，$\cdots$，v_c，然后通过优化以 v_1，v_2，$\cdots$，v_c 为中心的信息粒 V_1，V_2，$\cdots$，V_c 的尺寸，使目标函数值达到最优。实验证明，通过这种方法所创建的信息粒对于原始数据具有很好的描述能力，并且能够表达比数值原型更丰富的信息。

本书还提出了一种构造超立方体信息粒原型的方法，一系列超立方体信息粒组成了一个 ε-信息粒簇。我们首先通过聚类方法从原有数据集中产生出一组聚类中心 v_1，v_2，$\cdots$，v_M，然后将信息粒度 $\varepsilon(0<\varepsilon<1)$ 合理分配给每一个数值原型，在这些样本的周围形成一系列超立方体 V_1，V_2，$\cdots$，V_M，也就是所谓的 ε-信息粒簇。接下来，将这些超立方体应用于数据的解码-编码，通过衡量重建数据的覆盖率和具体性来评估每一个 ε-信息粒簇的质量。通过评估不同信息粒度 ε 所对应的目标函数值，能够确定最优全局信息粒度 ε 以及其在每个信息粒上的最优分配。实验表明，通过这种方法构造的信息粒能够很好地反映原始数据的特点，并且可以用作创建粒度模型的基础。

模糊模型，尤其是模糊规则(TS)模型，在系统建模以及基于模型的控制领域有着广泛的应用。本书提出了一种通过结合模糊子空间聚类和合理粒度准则来创建粒度模糊模型的方法。我们通过利用模糊子空间聚类算法来创建数值型 TS 模糊模型；然后在目标函数的指引下，通过对该模型的参数分配一定的信息粒度使得参数粒度化(粒度原型以及粒度隶属度)，并最终构造成粒度模糊模型。这样原有的模型就会被提升到一个更高的抽象层次，也就形成了粒度化模型。这种模型的输出结果也是信息粒，并且具有良好的可解释性。

现实生活中，我们经常面临着如何利用数据挖掘工具从非平衡数据集中进行有效学习的问题。数据分布的不平衡性严重降低了传统分析器的性能。在本书中，我们提出了一种基于粒计算概念和算法的粒度欠采样方法。首先，围绕每一个来自多数类的数据样本，我们都创建一个信息粒，以此来反映这一类数据的本质特点；然后，评估所形成的信息粒质量，只保留具体性最好的那部分样本数据；接下来，根据信息粒的尺寸对原始数据赋予不同的权重；最后，利用支持向量机和 k 近邻算法对这些加权数据进行分类。实验结果表明，利用粒度欠采样生成的数据训练的支持向量机和 k 近邻算法的分类准确率显著优于传统欠采样算法，其 G-means 性能指标比利用传统随机欠采样算法训练的分类器要提高 10% 以上。

信息粒是基于原始数值数据所创建的一种更高层次的信息度量。通过结合粒计算现有的研究成果，如合理粒度准则以及信息粒度的最优分配等，我们解决了一系列粒计算的基本问题。比如通过合理的编码-解码机制，使得信息粒具有良好的可读性和可解释性；利用合理粒度准则创建的信息粒能够很好地反映原始数据的特点和结构；通过信息粒度的最优分配所创建的模糊模型能够很好地预测结果，并将结果以对用户友好的方式反馈给用户。相信这一系列粒计算前沿及热点问题的解决能为粒计算下一步的发展提供新的启发和促进。

本书的出版得到了西安电子科技大学科技专著出版基金的资助，书中的研究内容得到了国家自然科学基金的资助。

朱修彬

2024 年 1 月

目　录

第1章　绪论 ……………………………………………………… 1

1.1　引言 ………………………………………………………… 1

1.2　粒计算的发展现状 ………………………………………… 2

1.3　本书的研究目的和意义 …………………………………… 5

1.4　本书的主要工作 …………………………………………… 9

1.4.1　信息粒编码与解码 …………………………………… 9

1.4.2　基于合理粒度原则创建信息粒描述符与信息粒的性能评估 … 10

1.4.3　粒度数据描述：ε-信息粒簇的设计 ………………… 10

1.4.4　粒度 TS 模糊模型的设计与实现：模糊子空间聚类与信息粒度最优分配的结合 …………………………………………………… 11

1.4.5　非平衡数据集的粒度化欠采样 …………………… 11

参考文献 ……………………………………………………… 12

第2章　信息粒和信息粒度 ……………………………………… 21

2.1　信息粒和信息粒度 ………………………………………… 21

2.2　信息粒的描述以及处理机制 ……………………………… 23

2.2.1　集合 …………………………………………………… 23

2.2.2　模糊集 ………………………………………………… 24

2.2.3　阴影集 ………………………………………………… 24

2.2.4　其他模型 ……………………………………………… 25

2.3　信息粒度的量化 …………………………………………… 25

2.4　高型和高阶的信息粒以及混合信息粒 …………………… 25

参考文献 ……………………………………………………… 26

第3章　信息粒的编码与解码 …………………………………… 27

3.1　问题的定义 ………………………………………………… 27

3.2　粒数据描述和重建 ………………………………………… 30

3.3　使用码本表示和重建粒数据 ……………………………… 31

3.3.1　表示机制 ……………………………………………… 31

3.3.2　重建机制 ……………………………………………… 33

3.4　码本的优化 ………………………………………………… 35

　　　3.4.1　优化目标 ··· 35

　　　3.4.2　使用 PSO 算法对码本进行优化 ······························ 36

　　3.5　实验 ·· 37

　　　3.5.1　一维数据 ··· 37

　　　3.5.2　多维数据 ··· 41

　　3.6　应用研究：粒模糊网络的解释 ·· 44

　　3.7　结论 ·· 47

　　参考文献 ·· 48

第 4 章　基于合理粒度准则创建信息粒描述符与信息粒的性能评估 ········· 50

　　4.1　问题描述 ··· 50

　　4.2　合理粒度准则和粒化-解粒化机制 ·· 51

　　4.3　信息粒的创建 ··· 52

　　　4.3.1　指导创建信息粒的目标函数 ·· 54

　　　4.3.2　评估信息粒重建能力的目标函数 ··································· 55

　　4.4　使用 DE 算法对目标函数进行优化 ······································ 58

　　4.5　实验 ·· 59

　　　4.5.1　二维合成数据集 ··· 59

　　　4.5.2　Seeds 数据集 ·· 62

　　　4.5.3　ILPD 数据集 ·· 63

　　　4.5.4　Wilt 数据集 ··· 64

　　4.6　结论 ·· 65

　　参考文献 ·· 66

第 5 章　粒度数据描述：ε-信息粒簇的设计 ································· 68

　　5.1　问题的定义 ·· 68

　　5.2　FCM 算法及其优化版本 ·· 70

　　　5.2.1　Fuzzy C-Means 底层算法和表示机制 ··························· 70

　　　5.2.2　Fuzzy C-Means 的改进版本 ······································· 71

　　　5.2.3　重建误差评判准则 ·· 72

　　5.3　信息粒的构造过程 ··· 73

　　　5.3.1　产生数值原型 ·· 73

　　　5.3.2　形成 ε-信息粒簇 ··· 73

　　　5.3.3　数据的粒度重建 ··· 74

　　　5.3.4　粒数据描述符的性能评价 ·· 76

　　5.4　总体优化过程 ··· 77

  5.5 实验 ·· 79

  　　5.5.1 二维合成数据集 ··· 80

  　　5.5.2 Wilt 数据集 ·· 83

  　　5.5.3 MiniBooNE particle identification 数据集 ······················ 84

  　　5.5.4 Statlog(Shuttle)数据集 ·· 86

  5.6 结论 ·· 87

  参考文献 ·· 87

第6章 粒度 TS 模糊模型的设计与实现 ··· 89

  6.1 问题的定义 ·· 89

  6.2 特征加权 FCM 算法 ·· 90

  6.3 利用模糊聚类算法建立 TS 模糊模型 ·· 91

  6.4 粒度模糊模型 ·· 92

  6.5 信息粒度的最优分配和目标函数 ·· 94

  6.6 实验 ·· 96

  　　6.6.1 二维合成数据集 ··· 96

  　　6.6.2 具有偏态分布的合成数据集 ·· 100

  　　6.6.3 Concrete Compressive Strength 数据集 ······························· 101

  　　6.6.4 Wine Quality(red wine)数据集 ·· 102

  　　6.6.5 Physicochemical Properties of Protein Tertiary Structure 数据集 ········ 104

  6.7 结论 ·· 105

  参考文献 ·· 105

第7章 非平衡数据集的粒度化欠采样 ··· 107

  7.1 问题的定义 ·· 107

  7.2 相关研究进展 ·· 107

  　　7.2.1 采样方法 ··· 107

  　　7.2.2 算法层面的改进 ··· 108

  　　7.2.3 代价敏感学习策略 ··· 109

  　　7.2.4 分类器组合策略 ··· 109

  7.3 粒计算和信息粒 ·· 110

  7.4 粒度欠采样方法 ·· 110

  　　7.4.1 构造信息粒 ··· 111

  　　7.4.2 粒数据的欠采样 ··· 112

  　　7.4.3 数值数据的加权 ··· 112

  7.5 分类器和目标函数 ·· 113

    7.5.1   基于加权数据的支持向量机 ···························· 113

    7.5.2   基于加权数据的 k 近邻算法 ·························· 114

    7.5.3   评价准则 ······································· 115

  7.6 实验 ·· 116

    7.6.1   二维合成数据集 ···································· 116

    7.6.2   机器学习数据集 ···································· 117

  7.7 结论 ·· 123

  参考文献 ··· 123

第 8 章　总结与展望 ···································· 128

  8.1 主要工作总结 ······································ 128

  8.2 未来工作展望 ······································ 129

第1章 绪 论

1.1 引 言

自人工智能诞生以来，其终极目标就是让计算机能够真正地像人类一样去思考，并且使计算机能与人类进行有效交流，准确理解人类语义，然后使用类似的知识系统把运算结果反馈给使用者。近年来，人工智能取得了长足的发展。研究者们开发了许多具有特定功能的智能系统，如谷歌无人驾驶汽车项目自从 2009 年运行以来，其测试车辆已经在美国多个城市行驶数百万英里（1 英里＝1609.347 m），积累了大量的数据和经验；谷歌的 AlphaGo 在人机围棋赛中以 4 比 1 的优势轻松战胜李世石，其随后以 Master 的神秘身份出现，以 60 胜 0 负 1 平的战绩横扫人类棋手，体现了人工智能技术在围棋领域的迅猛发展。传统的人工智能技术走进我们的生活，已经给我们的生活带来了巨大的变化，但是，距离开发出能够真正像人类一样思考，并且同人类使用自然语言进行交互的人工智能还有很大的距离。这是因为人类在认知和表达方面具有与众不同的能力：一是将人的感知与等级层次相关联的能力，比如用 0～10（0 代表很不满意，5 代表一般，10 代表很满意）之间的数字评价对政府提供的公共服务的满意程度，以 A～D（A 表示非常满意，B 表示满意，C 表示一般，D 表示不满意）来评价对餐厅的菜品质量和口味的满意程度。人类与生俱来的这种能力，就相当于为评价目标建立了一系列表示程度的模糊集并将自身的感知与之进行关联。二是将感知到的信息进行聚合的能力，也就是将具有相似性、相近性或功能相似的数据用粒度词语进行描述的能力。当我们讨论汽车的速度的时候，我们会用很慢、慢、快、很快等词语来表达。比如，当汽车速度小于 20 km/h 的时候，我们就说它的速度很慢，"很慢"在这里就成为一个聚合了一系列数值的信息粒。人工智能技术要真正达到人类的思考水平，就必须使计算机也具备这两种能力。只有具备这种能力的计算机才能同人类进行良好的人机交互。当前的人工智能技术并没有考虑这些问题，这也是当前的人工智能技术仍然处在初级阶段的一个重要原因。目前计算机的智能水平与人类相比仍有较大差距，它并不能真正地像人类一样去建立对事物的不同感知模型，或者将结果进行归纳，用自然语言传达给人类。

近年来，在计算智能和以人为中心的系统中，粒计算已经吸引了很多研究者的关注[1-3]。当人们希望通过自然语言同人工智能系统进行交互，或者当待处理的信息具有不精确性、不完整性、不确定性的时候，粒计算就成为一个独佳的选择，因为它很擅长处理这样模糊的信息。粒计算是以模糊集所表示的信息粒为基础发展起来的[4-6]。在人们认知复杂现象时，通常将现有知识和已有的数据相结合并且将它们构造成一种可以用语言描述的实体，这就是信息粒。为了使信息粒能够用于智能系统的分析和设计，我们需要以一种明确的方式来构建信息粒。在粒计算的框架下，我们可以运用一些已有的理论基础，如集合、模糊集[4]、粗糙集[7-8]、阴影集[9]等来设计信息粒。粒计算涉及很多领域的知识，它将不同技术构造的信息粒作为输入进行处理，并将输出结果以信息粒的形式反馈给用户。

作为一个学科，粒计算仍处在萌芽阶段，迫切需要对其基本原理、概念和算法进行研究。一些粒计算的准则已经被提出并且得到了广泛的应用和认可：

（1）合理粒度准则可以被用来指导构造信息粒，这样的信息粒能在覆盖率和具体性之间达到一个合理的平衡点[10]。

（2）通过信息粒度的合理分配，可以使所创建的粒度模型能够更好地描述现实系统，更好地反映现实世界的复杂性[11]。

（3）粒化-解粒化准则可以用来指导创建一组信息粒，并且使得这组信息粒能精确描述原有数据，与此同时保持良好的可解释性[12]。

本书将在这些理论基础之上，进一步研究信息粒的编码和解码、基于合理粒度原则创建信息粒描述符与信息粒的性能评估、ε-信息粒簇的设计、粒度 TS 模糊模型的设计与实现以及基于粒度的非平衡数据集的欠采样方法设计。

1.2 粒计算的发展现状

对于粒计算这样一个全新的概念，人们通常会问"究竟什么是粒计算"，许多相关的研究者并没有对粒计算给出一个精确的定义。对于一个全新的、处于发展阶段的理论来说，人们更容易通过常识和直觉来理解相关的定义和理论，而精确的定义则可能使人忽略粒计算的某些重要特性，这对这样一个处于发展阶段的理论并不有利。粒计算的概念和相关理论起源于控制论专家 Zadeh 在 1979 年发表的论文"Fuzzy sets and information granularity"。粒计算(Granular Computing)这个概念则最早出现于 Zadeh 于 1997 年发表的论文"Towards a theory of fuzzy information granulation and its centrality in human reasoning and fuzzy logic",其中说到"This would lead to what may be called granular mathematics. Eventually, granular mathematics may evolve into a distinct branch of mathematics having close links to the real world. A subset of granular mathematics and a superset of computing with words is granular computing."。1997 年,Zadeh 重新讨论了信息粒化(information granulation)的问题,这极大地引起了研究者对于粒计算的兴趣。同一年,Lin 提议使用粒计算来定义这一新的研究领域。从此,粒计算(Granular Computing,GrC)成为一个全新的跨领域学科,其涵盖了基于信息粒来解决问题的一系列方法论、技术和工具。在此之后,粒计算相关领域的研究经历了飞速发展,出现了丰硕的研究成果。相关领域的学者提出了很多粒计算的方法论和相关模型并且对其进行了深入的研究,这些研究极大地促进了粒计算领域的繁荣[13-26]。粒计算方法及思想已经成功地被应用于各个领域,如图形图像处理、数据挖掘、复杂问题求解等,并且取得了巨大的成功[27-37]。

　　一些相关领域的研究成果极大地促进了粒计算的发展和进步。许多粒计算领域的研究者借鉴了计算智能领域的研究成果,并将其应用于粒计算领域。Zadeh 在 1979 年的论文中首次提出了信息粒化的概念,并且指出我们可以利用模糊集理论来进行具体的计算,也就是所谓的词计算[38]。在随后的 1982 年由 Pawlak 提出的粗糙集理论[39-41]则为粒计算提供了生动的具体实例。通过粗糙集理论,人们能够更清晰地理解信息粒化的概念和操作。Lin 提出了邻域系统的概念,并且对邻域系统以及邻域与关系数据库之间的关系进行了研究[42]。在粒计算正式成为一个新的研究领域之后,Lin 主要研究了二元关系(邻域系统、粗糙集和信任函数)下的粒计算模型[43-48],对基于邻域系统的粒计算在信息粒结构、信息粒的表示和应用等一系列问题进行了深入的研究。Lin 还对模糊集和粗糙集理论在粒计算中的应用进行了讨论,并且将粒计算的思想和方法论应用于数据挖掘领域[49]。基于 Lin 的研究成果,Yao 又结合邻域系统对粒计算进行了研究,并且将其成果应用于数据挖掘领域。通过建立一系列 if-then 规则并且利用粒度集合之间的包含关系,Yao 提出了利用划分所形成的格从一个新的视角来解决一致分类问题[50]。基于计算机其他学科的方法和理论,Yao 还从一个更宽广的视角对粒计算进行了解读[50-51]。在其研究中,Yao 探讨了粒计算在一系列相关领域,如机器学习、数据挖掘、智能计算、规则提取等领域的应用。基于对粒计算的研究和思考，Yao 提出了粒计算的三元理论[52-53]。粒计算的三元理论主要包括信息粒结构和粒计算三角论两部分。信息粒是粒计算的基本元素；根据实际的问题按照不同的粒化准则形成的信息粒的全体构成一个信息粒层；不同的粒化准则又形成了不同的信息粒层。粒计算三角论中的每一个角代表一种不同的角度。从哲学的角度来看，粒计算是一种结构化的思考理念：它融合了将整体问题分解为较小的部分的分析性思考和将部分结合为整体的整体性思维。从方法论的角度来看，粒计算是一种结构化的问题解决思路：它通过集成系统性的方法、有效的原则和启发式策略来解决现实世界的问题。从计算的角度来看，粒计算是一种结构化的信息处理策略：其首先通过表示方法使用信息粒和粒结构来刻画数据，然后利用将信息粒作为基本数据结构的算法来处理数据。Yager[54] 将粒计算方法应用于信息融合领域，利用模糊集对相关不确定信息进行表示。在人工智能领域，一个重要的问题解决策略是对问题的状态空间进行搜索。通过将问题定义在不同的抽象水平和信息粒度层次上，利用层次化的问题解决策略来解决问题是一个很好的选择。通过把模糊概念和商空间理论相结合，Zhang 等人提出了模糊商空间理论，成功地采用商空间方法来表示问题，从而结合启发式搜索、路径规划和推理等算法来进行粒计算[55]。Knoblock[56] 则根据现有的结构化问题解决方案提出了一种能够自动产生问题抽象空间的方法。层次化算法通过探索问题空间的一个或多个不同的抽象层次来解决问题。因为问题的抽象空间所包含的状态数目远远少于原空间，这可以大大降低问题的复杂度。Bargiela 和 Pedrycz 则强调粒计算的本质特征：信息粒化过程中数据的语义转换和信息抽象的非计算性验证[57]。Bargiela 和 Pedrycz 也视粒计算为一个支持以人为中心的系统分析和设计的概念和算法平台[3]。以人为中心的信息处理是随着模糊集的引入而开始的，这种处理思路也带动了粒度计算模式的飞速发展。从以机器为中心的处理方式到向以人为中心的计算方式的迁移是粒计算领域研究发展的重要趋势之一[2,58]。Pedrycz 在模糊数学领域进行了大量卓有成效的研究工作，并且从各个不同的侧面对粒计算的根源和本质进行了详细的研究和探讨，对于粒计算中的信息粒度、算法框架、信息粒化机制和不同信息粒度下的数据描述等都进行了深入的研究[13,27,32,57,59-61]。

本书以 Pedrycz 等人的理论研究为基础，研究粒计算领域中亟待解决的一系列前沿和基础性问题。目前粒计算迫切需要解决的问题包括：信息粒的创建、信息粒的粒度分配以及相应的信息粒的编码/解码机制等。作为一个新兴的概念和计算平台，粒计算覆盖了所有和信息粒度相关的方法论、理论和技术，给具有不确定性、不完整性或者不精确性的信息的处理带来了新的曙光。粒计算给人们带来了许多原创的、独特的解决思路，因此其在许多领域也获得越来越多的关注。

1.3 本书的研究目的和意义

　　粒度化与解粒度化(granulation and degranulation)的概念在很多应用环境中有着不同的表述。最常见的一个例子就是数字信息的编码与解码,其在数据压缩与量化领域中有着广泛的应用,并且有很多不同的编码/解码机制[62]。在对数据进行编码/解码的过程中,不可避免地会存在量化误差,所以传统的优化目标通常是希望解码后的误差尽可能小。量化误差的根源在于将连续变化的模拟量转换为离散的数字量的模数转换(A/D),与模数转换的逆过程数模转换(D/A)。在文献[63]中,Pedrycz 对用于在粒计算环境中进行通信的模糊编码/解码技术进行了研究和探讨。一系列关于在模糊接口环境中进行粒度数据描述的研究也取得了很多进展。在文献[64]中,Valente 研究了基于覆盖率和可分辨性的模糊系统接口设计策略。在文献[65]中,Pedrycz 研究了信号重建的问题,设计了一种尽可能精确、忠于原数据的表示方法。在文献[66]中,Mencar 也对模糊接口的最优化进行了探讨,提出了基于信息等价标准的输入/输出接口最优化条件。在文献[67]中,Roychowdhury 使用模糊化与解模糊化这两个概念讨论了信息粒的编码与解码,并且探讨了关于模糊化与解模糊化的相关研究进展。当我们运用模糊集的时候,就会面临信息的粒度化与解粒度化的问题。在模糊控制与模糊模型建模中,这两个过程通常被称为模糊化与解模糊化(fuzzification and defuzzification)。给定一组由语义集(fuzzy sets)组成的码本(codebook),模糊化就是将输入数据用码本中的某一元素来表示,而解模糊化就是根据模糊化的结果将数据重新转换成原类型。对于一维数据的编码和解码,我们可以运用相互邻接的三角模糊集(这些模糊集的隶属度函数在1/2 处交叉)进行编码,从而实现解码的零误差。当然这只是一个特例,当我们面临多维数据的时候,这种特殊码本的零误差特性就不能继续保持了。当我们处理的数据是信息粒的时候,通常也会面临着误差,零误差只是一种理想情况。对于多维数据,通常用 Fuzzy C-Means(FCM)来生成最优码本,解码过程所面临的误差一般称为重建误差。在文献[68]中,Pedrycz 对 FCM 算法构造最优码本的能力进行了深入的研究,并且在文献[12]中将这种算法针对 2 -型模糊集进行了扩展。在文献[69]中,Liu 研究讨论了 2 -型模糊集的编码/解码机制。综上所述,学术界已经对粒化/解粒化进行了大量的研究,而针对由于重建所生成的更高类型的信息粒的重建误差的量化研究却寥寥无几。

粒计算涵盖一系列的理论、概念、方法论、算法和工具，而信息粒和处理信息粒的各种系统则是粒计算的基础[70]。粒计算的重点就是形式化、构造和处理信息的集合——信息粒，并且致力于形成一个统一的概念和计算平台，从而支撑以人为中心的智能系统的设计和实现[3]。作为粒计算的核心数据，信息粒这种比数值数据更一般、更抽象的实体是我们通过将具有相似性、功能相近性、邻近性等特点的数据聚合在一起而形成的。在粒计算中，推理和计算不再是数值数据驱动的，而是围绕着信息粒进行的。构建有意义的和具有可操作性的信息粒是实现粒计算的关键。已经有很多学者对信息粒的构建进行了研究，比如文献[71]~[78]。超立方体模糊集信息粒也被用来进行模式识别和分类[79-80]。精心设计的信息粒能够很好地刻画原始数据的内在特点，具有良好的解释性，并且能够为下一步的处理打下良好的基础。对原始数据运行各种聚类算法所形成的数值原型（聚类中心）能够在一定程度上反映原始数据的一般性结构，但是这种原型不能描述每个聚类的大小或者形状。通过形成一组具有不同尺寸的信息粒，就能克服这一缺点。在本书中，我们设计的构建信息粒的方法能够根据原始数据自动确定信息粒的最优个数，并且利用合理粒度准则确定每个信息粒的最优尺寸。本书所提出的信息粒构建方法可以作为粒计算的信息粒构建的基础，所构建的信息粒能够很好地反映原始数据的拓扑结构并且可以作为粒计算的基本构件。

在粒计算中，信息粒度是一个重要的设计指标[11-12]。通常信息粒的粒度越大，也就是信息粒所涵盖的原始数据越多，该信息粒就越抽象，其具体性也就越低。信息粒度的合理分配能够使所构建的信息粒更充分地反映原始数据的特点。在本书中，我们将讨论如何通过信息粒度的最优分配来创建一组信息粒，也就是一个 ε-信息粒簇。ε-信息粒簇通过使用一组抽象、具有可解释性的实体来刻画原始数据。与此同时，这组信息粒也形成了一个粒度特征空间，可以用来支持建立一个粒计算的算法框架，使得人们可以在这个框架中感知世界、推理并且同建模和推理的结果进行交互。ε-信息粒簇中的信息粒能够比数值原型更好地描述原始数据的结构特点，其也可以被用作创建粒分类器、粒预测模型的数据基础。

粒度数据具有如下几个优点：

（1）信息粒能够提供对原始数据的精确的描述；信息粒的数目一般很有限，所以每个信息粒都具有良好的可解释性。这在数据分析领域具有特殊意义，尤其当需要将分析结果以一种可读的方式传达给用户的时候。

（2）信息粒的数量远远低于原始数据的数目，所以创建粒度模型所需的时间将远低于传统模型。这里的信息粒度分配是通过评价所形成的粒度模型对于原始数据的重建来进行的。在数据分析领域，还没有学者对解粒化机制进行系统研究。在这个意义上，本书的研究提出了一个新的方向并且强调了信息粒化的本质。

近年来，由于系统的复杂性，传统的线性预测控制模型难以达到令人满意的预测精度。基于数据的非线性模型尤其是模糊模型成了预测控制研究领域的热点。在模糊建模领域，由 Takagi 和 Sugeno 于 1985 年提出的基于规则的 TS 模糊模型[81]应用最为广泛。它被广泛应用于无法获得精确数学模型的发展系统、非线性控制系统以及模型受外界干扰而变化的不确定系统中。TS 模糊模型的规则主要由两部分组成：由一组语言变量组成的前提部分和由一系列多项式局部函数(一般是线性的)形成的结论部分。TS 模糊模型已经被成功地应用在各种各样的实际系统中。比如在文献[82]中，TS 模糊模型被用来预测估计近空间飞行器的非线性特性。在文献[83]中，TS 模糊逻辑模型被用来估算非确定非线性空间中进行鲁棒跟踪控制设计时所面临的未知函数。在文献[84]中，Khanesa 设计了一个基于 TS 模糊模型的直接模型控制器。TS 模糊建模已经成为一个很活跃的研究领域。通过采用一种新的编码机制和适应度函数，文献[85]使用进化算法来创建精确而紧凑的模糊模型，并且使隶属度函数具有可解释性。在文献[86]中，Li 提出了基于超平面原型的模糊聚类模型，并且使用一种新颖的全局搜索策略——引力搜索算法(Gravitational Search Algorithm, GSA)与基于 GSA 的超平面聚类算法结合对模糊空间进行划分来构造 TS 模糊模型，然后通过正交最小二乘法来确定结论部分的最优参数。通过交替使用概率增量进化算法(Probabilistic Incremental Program Evolution method, PIPE)和进化规划(Evolution Programming, EP)，文献[87]实现了一种自动构造层次 TS 模糊模型的方法。在本书中，层次结构是通过 PIPE 算法来进行调优的，而规则的参数是通过 EP 算法来进行优化的。在文献[88]中，Jafarzadeh 提出了一种基于特定稳定性条件的控制系统设计方法，这种模型可以用于 1 -型和 2 -型 TS 模糊模型，并且由于这种设计方法不需要解决 Lyapunov 函数，所以其适用于具有非稳定性的系统。对于 TS 模糊模型的特征选择问题，研究者在文献[89]～[90]中进行了相关的研究。在文献[89]中，Hadjili 通过预估模糊规则的最优数目，并且将前提部分的确定工作与结论部分的估计问题相分离，使得前提部分的输入变量与相应的回归量被分别确定，这样就能降低系统设计的复杂度。文献[90]则通过一个集成的学习框架来甄别不相关的特性并只选取相关的特性，从而利用原始数据为 TS 模糊模型设计相关的规则。这些相关的研究都极大地促进了 TS 模糊模型的发展。这些模型都有一个共同的特点，就是它们所利用的输入数据都是数值型的，所产生的输出结果也是数值型的。很显然，完美的数值型模型是不存在的，没有哪一个模型是零误差的，所有的模型都会产生一定的建模误差（近似误差）。与此同时，这类模糊模型以精确性为目标，期望模型的输出尽可能精确，输出误差尽可能最小化，却忽略了模糊模型以及输出结果的可解释性。通过在这些数值型模型的基础上分配一定的信息粒度，我们就能创建粒模糊模型，这种模型的输出不再是数值而是信息粒。这种粒模型比传统的数值型模型更加抽象，对于原始的数据来说具有更好的代表性，也能更好地反映现实并且能够量化对于当前系统的认知度[91-92]。近几年来，粒度模型也有一系列代表成果出现。在文献[91]中，Pedrycz 对粒模糊模型进行了研究，文献中提到的粒度模型是通过综合利用底层模型的知识来创建的一种比原来的数值模型更具一般性、更抽象、更具全局性的高层次模型。在文献[93]中，Reyes-Galaviz 通过利用超立方体信息粒的直接关联设计了粒模糊模型。在这种模型中，信息粒是通过一种基于上下文的 FCM 算法来创建的。这些超立方体信息粒所表达的信息被转化成一组规则，并且提供了对数据的良好解释性。在文献[92]中，Reyes-Galaviz 也实现了一种基于信息粒所构建的粒模糊模型。该算法首先在输出空间构建一组区间信息粒，然后在输入空间利用基于上下文的 FCM 算法来构造一组诱导信息粒，从而在信息粒的基础上构造一系列的规则。在文献[94]中，Pedrycz 设计了一种以聚类为导向的模糊模型，该模型充分利用了信息粒对原始数据的概括表达能力。在文献[95]中，Pedrycz 利用一组改进的 FCM 算法来创建数值型的模糊模型，然后在合理粒度准则的指导下优化模型的粒度参数，从而构造出粒模糊模型。当前的研究已经表明，通过对原有的数值模型分配合理的信息粒度，我们就可以建立相应的粒模型，并且使得粒模型同时具有良好的预测精度和可解释性。与此同时，我们也能够对所建立的模型的精确度有一个量化，让所建立的模型能够更好地描述复杂的现实世界系统。

随着科学技术的快速发展，原始数据产生的速度飞速提升，这其中也包括了很多的非平衡数据集（某一个类的实例的数量远远大于其他类）。许多现有的学习工具都是基于聚类或者分类的概念来开发的，但是传统分类器通常假定来自不同类的数据的出现频率是一致的。这就导致传统分类器在面临非平衡数据集的时候不能很好地工作，对于稀有类样本的预测精度急剧降低。在许多现实世界的应用中，我们都面临着许多非平衡数据集的分类问题，如 DNA 微阵列数据分类[96]，人类乳腺癌和结肠癌预测[97]，文本分类[98]，网上银行欺诈检测[99]，网络入侵检测[100]，DNA 序列检测[101]，图像分类[102]，异常活动甄别[103]等。作为最普遍采用的欠采样技术，随机欠采样通过随机地从多数类中移除实例来达到不同类间实例数目的平衡。很显然这种方法会移除某些重要的实例，导致分类器遗漏某些重要的概念，从而影响整体的学习过程[104]。为了克服这个缺点，研究者们开发了许多更高级的采样技术[105-106]，以期保留原始多数类集合中样本的本质结构特征。虽然随机欠采样具有这些缺点，但是和其他各种复杂的欠采样技术相比，仍然具有较好的性能[107]。在本书中，我们提出了一种基于信息粒度的欠采样技术，并且利用粒计算的一些准则来增强分类器的性能。通过信息粒度的引入，我们能够更好地刻画数据的本质，从而对数据进行欠采样并且利用所形成的信息粒的尺寸信息来增强对训练数据集的描述功能。

1.4　本书的主要工作

1.4.1　信息粒编码与解码

信息粒是粒计算所处理的基本数据单元，也是同外部环境进行交流的基本要素。本书将研究信息粒编码-解码这一基本问题。该问题的本质可以概括如下：当我们有一组粒数据 X_1, X_2, $\cdots$, X_N（集合，模糊集等）的时候，如何构造一个由信息粒 A_1, A_2, $\cdots$, A_c 所组成的码本（通常 $c \ll N$），使得 X_k 可以由 A_i 来进行编码，并且通过这个码本对 X_k 进行解码（重建）的时候，所产生的解码误差要尽可能小。当存在编码-解码误差的时候，本书提出的这种编码-解码机制会生成比原来信息粒更高一级的信息粒（也就是说，如果 X_k 是 1-型信息粒，那么解码以后就会生成 2-型信息粒）。一般情况下，编码-解码误差是不可避免的（当然存在一小部分特例），这种误差将导致产生更高类型的信息粒。比如，当我们对数值型数据（可以被看做 0-型信息粒）进行编码-解码时，如果误差存在，所解码的数据就会变成区间、模糊集、概率集等，也就是所谓的 1-型信息粒。当 X_k 是区间或者模糊集的时候，本书引入了一种衡量区间隶属度函数上下边界距离的优化目标函数，设计了一种利用 possibility 理论结合模糊关系演算的编码-解码机制。通过这种机制进行编码的信息粒在解码后会生成粒区间或者区间模糊集（granular interval or interval-valued fuzzy set）。这种编码-解码机制的优化是通过粒子群算法（Particle Swarm Optimization，PSO）在目标函数的指引下完成的。本书还通过实验详细阐述了这种编码-解码机制的各种技术细节,同时也表明了 PSO 算法可以有效地优化码本,降低解码误差。

1.4.2 基于合理粒度原则创建信息粒描述符与信息粒的性能评估

粒计算是一个概念和处理框架,信息粒是粒计算的基本组成部分。本书讨论了如何根据合理粒度准则来设计一组有意义、具有可解释性的椭圆形信息粒,并且研究了这些信息粒的重建能力。合理粒度准则是使用数值型数据或者粒数据来构造信息粒时采取的一般性准则,它的目的在于使所构造的信息粒在合理性(覆盖率)和具体性之间达到一个折中点。本书设计了一种两阶段策略来构造信息粒:首先通过运用模糊聚类算法产生一组数值原型;然后以数值原型为中心构造椭圆形信息粒并优化这些信息粒的半轴长度。根据研究目标的不同(构造信息粒描述原始数据和评价信息粒的重建能力),本书设计了两个不同的目标函数,并且使用合成数据集和一组来自机器学习数据库的数据集分别阐述了如何根据这两个不同的目标函数对生成的信息粒进行优化。

1.4.3 粒度数据描述:ε-信息粒簇的设计

作为基本的概念和算法框架之一,模糊聚类技术已经成为构建信息粒的基本途径。常用的模糊聚类算法,如 FCM 算法,在各行各业都有广泛的应用,但是模糊聚类的结果,如划分矩阵和原型,是以数值形式呈现给用户的,并不能很好地反映数据的本质。在本书中,我们设计了一种创建超立方体信息粒的方法。一组超立方体信息粒构成一个 ε-信息粒簇。首先我们运用一种改进的、时间复杂度线性正比于聚类中心数目的 FCM 算法来产生数值原型;然后通过为每个原型分配一定的信息粒度,以这些数值原型为中心构造超立方体信息粒。这些信息粒的质量是通过将其利用在粒化-解粒化过程中,并根据解粒化后形成的信息粒的覆盖率和具体性来确定的。信息粒度的大小与粒原型的数目对于解粒化后的信息粒的覆盖率和具体性有着直接的影响。通过综合考虑覆盖率和具体性的目标函数,我们就能计算出不同数目的原型所对应的最优信息粒度。与 FCM 算法相比,这种信息粒设计算法所增加的计算开销很有限。本书通过合成数据集和一组来自机器学习数据库的数据集阐明了设计思路,并且讨论了这个 ε-信息粒簇所具备的对于原始数据的重建能力。

1.4.4 粒度 TS 模糊模型的设计与实现：模糊子空间聚类与 信息粒度最优分配的结合

模糊模型已经被广泛应用于系统建模和基于模型的控制领域。在各种各样的模糊模型中，由 Takagi 和 Sugeno 提出的 TS 模糊模型是应用最广泛、所受关注最多的一种。本书中设计了一种基于数值型数据、结合模糊子空间聚类算法和信息粒度最优化分配的粒度 TS 模糊模型。首先通过模糊子空间聚类算法来构造 TS 模糊模型，然后将信息粒度作为一种重要的设计要素，通过对信息粒度的最优化分配来构造粒模型，从而使得所构造的模型能够更好地与实验数据相吻合。与传统的模糊模型相比，粒度模型的输出不是数值型数据而是信息粒。传统的模糊模型的优化一般以精确性为目标，希望模型数值精确度达到最高，却忽略了模糊模型以及输出结果的可解释性。与传统模型的优化目标不同，粒模型的性能是以所输出的信息粒的覆盖率和具体性来评价的。本书也将详细讲述如何设计粒 TS 模糊模型，并且通过合成数据集和一系列来自机器学习数据库的数据集来衡量所构建的粒模型的性能。

1.4.5 非平衡数据集的粒度化欠采样

现实生活中，我们经常面临着如何利用数据挖掘工具从非平衡数据集中进行学习的问题。数据分布的不平衡性严重降低了传统分类器的性能，这将导致分类器在预测属于多数类的实例时具有很高的精确性，但是却不能很好地预测稀有类。在过去的二十年中，人们提出了各种方法来解决非平衡数据集的分类学习问题，如各种基于数据集的算法、基于算法层面的改进、混合算法等。为了提高对于稀有类的预测精度，过采样和欠采样是被研究和使用最多的两种途径。传统的欠采样方法往往易于忽略多数类样本的某些重要的相关特征，造成采样后数据质量的降低。在本书中，我们提出了一种粒度欠采样方法。该方法利用粒计算的概念和算法，首先围绕每一个来自多数类的实例都创建一个信息粒，以此来反映这一类数据的本质；然后通过评估所形成的信息粒的质量来对属于多数类的样本进行取舍，只留具体性最好的那部分样本；接下来，利用信息粒的尺寸所蕴含的权重信息来增强对原始数据的描述；最后，利用支持向量机和 k 近邻算法对这些加权的数据进行分类。实验结果表明，利用粒度欠采样数据训练的支持向量机和 k 近邻算法的准确率显著优于传统的欠采样算法；利用粒度欠采样训练的分类器的 G-means 性能指标比利用传统的随机欠采样算法训练的分类器的 G-means 性能指标提高了 10％以上。

参 考 文 献

[1] PEDRYCZ W, BARGIELA A. Granular computing: an introduction [M]. Dordrecht, The Netherlands: Kluwer, 2003.

[2] YAO J T, VASILAKOS A V, PEDRYCZ W. Granular computing: perspectives and challenges[J]. IEEE Transactions on Cybernetics, 2013, 43(6): 1977 - 1989.

[3] BARGIELA A, PEDRYCZ W. Toward a theory of granular computing for human-centred information processing[J]. IEEE Transactions on Fuzzy Systems, 2008, 16(2): 320 - 330.

[4] ZADEH L A. Towards a theory of fuzzy information granulation and its centrality in human reasoning and fuzzy logic[J]. Fuzzy Sets and Systems, 1997, 90(2): 111 - 117.

[5] ZADEH L A. From computing with numbers to computing with words: from manipulation of measurements to manipulation of perceptions[J]. Annals of the New York Academy of Sciences, 2001, 929(243): 221 - 252.

[6] ZADEH L A. Toward a generalized theory of uncertainty(GTU) - an outline[J]. Information Science, 2005, 172(1 - 2): 1 - 40.

[7] FENG L, Li T R, Ruan D, et al. A vague-rough set approach for uncertain knowledge acquisition[J]. Knowledge-Based Systems, 2011, 24(6): 837 - 843.

[8] LIU J, HU Q H, YU D R. Comparative study on rough set based class imbalance learning[J]. Knowledge-Based Systems, 2008, 21(8): 753 - 763.

[9] TAHAYORI H, SADEGHIAN A, PEDRYCZ W. Induction of shadowed sets based on the gradual grade of fuzziness[J]. IEEE Transactions on Fuzzy Systems, 2013, 21(5): 937 - 949.

[10] PEDRYCZ W, HOMENDA W. Building the fundamentals of granular computing: a principle of justifiable granularity[J]. Applied Soft Computing, 2013, 13(10): 4209 - 4218.

[11] PEDRYCZ W. Allocation of information granularity in optimization and decision-making models: towards building the foundations of granular

computing[J]. European Journal of Operational Research，2014，232
(1)：137 – 145.

[12] PEDRYCZ W，BARGIELA A. An optimization of allocation of information
granularity in the interpretation of data structures：toward granular
fuzzy clustering [J]. IEEE Transactions on Systems，Man，and
Cybernetics，Part B：Cybernetics，2012，42(3)：582 – 590.

[13] PEDRYCZ W. Granular computing：an emerging paradigm[M]. Physica-
Verlag GmbH Heidelberg，Germany，2001.

[14] PETERS J F，PAWLAK Z，SKOWRON A. A rough set approach to
measuring information granules[J]. 2002：1135 – 1139.

[15] POLKOWSKI L，SKOWRON A. Towards adaptive calculus of granules
[C]. IEEE International Conference on Fuzzy Systems Proceedings，
2002，1：111 – 116.

[16] SKOWRON A. Toward intelligent systems：calculi of information granules
[C]. New Frontiers in Artificial Intelligence，Joint JSAI 2001
Workshop Post-Proceedings. DBLP，2001：251 – 260.

[17] SKOWRON A，STEPANIUK J. Information granules：towards foundations
of granular computing[J]. International Journal of Intelligent Systems，
2001，16：57 – 85.

[18] HU X T，LIN T Y，HAN J. Rough sets，fuzzy sets，data mining，and
granular computing[J]. Lecture Notes in Computer Science，2007，25
(2)：89 – 96.

[19] PAWLAK Z，ZADEH L A，AGGARWAL C C，et al. New directions
in rough sets，data mining，and granular-soft computing[J]. Lecture
Notes in Computer Science，1999，1711.

[20] ZHAO J，HAN Z，PEDRYCZ W，et al. Granular model of long-term
prediction for energy system in steel industry[J]. IEEE Transactions
on Cybernetics，2016，46(2)：388 – 400.

[21] PEDRYCZ W，Izakian H. Cluster-centric fuzzy modeling[J]. IEEE
Transactions on Fuzzy Systems，2014，22(6)：1585 – 1597.

[22] PEDRYCZ W，AL-HMOUZ R，MORFEQ A，et al. The design of free
structure granular mappings：the use of the principle of justifiable
granularity[J]. IEEE Transactions on Cybernetics，2013，43(6)：
2105 – 2113.

[23] LI Y, ZHANG L, XU Y, et al. Enhancing binary classification by modeling uncertain boundary in three-way decisions [J]. IEEE Transactions on Knowledge and Data Engineering, 2017, 29(7): 1438 – 1451.

[24] YAO Y, SHE Y. Rough set models in multigranulation spaces[M]. Elsevier Science Inc. , 2016.

[25] LANG G, MIAO D, CAI M. Three-way decision approaches to conflict analysis using decision – theoretic rough set theory[J]. Information Sciences, 2017, 406 – 407: 185 – 207.

[26] LI F, MIAO D Q, ZHANG Z F, et al. Mutual information based granular feature weighted k-nearest neighbors algorithm for multi-label learning[J]. Journal of Computer Research and Development, 2017, 54 (5): 1024 – 1035.

[27] PEDRYCZ W, SMITH M H, BARGIELA A. A granular signature of data [C]. Fuzzy Information Processing Society, 2000. Nafips. International Conference of the North American, 2000: 69 – 73.

[28] HIROTA K, PEDRYCZ W. Fuzzy relational compression [J]. IEEE Transactions on Systems Man and Cybernetics Part B: Cybernetics, 1999, 29(3): 407 – 415.

[29] NOBUHARA H, PEDRYCZ W, HIROTA K. Fast solving method of fuzzy relational equation and its application to lossy image compression/ reconstruction[J]. IEEE Transactions on Fuzzy Systems, 2002, 8(3): 325 – 334.

[30] BUTENKOV S A. Granular computing in image processing and understanding [C]. Proceedings of the IASTED International Conference Artifical Intelligence and Applications, Innsbruck, Austria, 2004: 811 – 816.

[31] JUSZCZYK J, PIETKA E, PycińSKI B. Granular computing in model based abdominal organs detection[J]. Computerized Medical Imaging and Graphics, 2015, 46: 121 – 130.

[32] PEDRYCZ W. Granular computing in data mining[M]. Data mining and computational intelligence. Physica-Verlag GmbH, 2001: 37 – 61.

[33] LIN T Y, LOUIE E. Data mining using granular computing: fast algorithms for finding association rules[J]. Data Mining, Rough Sets

and Granular Computing, 2002, 95: 23 – 45.

[34]   KRIVSHA N, KRIVSHA V, BESLANEEV Z, et al. Greedy algorithms for granular computing problems in spatial granulation technique[J]. Procedia Computer Science, 2017, 103: 303 – 307.

[35]   JIANG F, CHEN Y M. Outlier detection based on granular computing and rough set theory[J]. Applied Intelligence, 2015, 42(2): 303 – 322.

[36]   CAO X. An algorithm of mining association rules based on granular computing[J]. Physics Procedia, 2012, 33: 1248 – 1253.

[37]   HU X C, PEDRYCZ W, WU G H, et al. Data reconstruction with information granules: an augmented method of fuzzy clustering[J]. Applied Soft Computing, 2017, 55: 523 – 532.

[38]   ZADEH L A. Fuzzy sets and information granularity[G]. Advances in Fuzzy Set Theory and Applications, North-Holland, 1979: 3 – 18.

[39]   PAWLAK Z. Rough sets[J]. Information Science. 1982, 11: 341 – 356.

[40]   PAWLAK Z. Rough sets and fuzzy sets[J]. Fuzzy Sets and Systems, 1985, 17(1): 99 – 102.

[41]   PAWLAK Z. Rough sets: theoretical aspects of reasoning about data [M]. Kluwer Academic Publishers, 1992.

[42]   LIN T Y. Neighborhood systems and relational databases[C]. ACM Sixteenth Conference on Computer Science. ACM, 1988: 725.

[43]   LIN T Y. Granular computing on binary relations I: data mining and neighborhood systems[J]. Rough Sets in Knowledge Discovery, 1998, 2: 165 – 166.

[44]   LIN T Y. Granular computing: fuzzy logic and rough sets[M]. Computing with Words in Information/Intelligent Systems 1. Physica-Verlag HD, 1999: 183 – 200.

[45]   LIN T Y. Data mining and machine oriented modeling: a granular computing approach[J]. Applied Intelligence, 2000, 13(2): 113 – 124.

[46]   LIN T Y. Granular computing: structures, representations, and applications[C]. International Conference on Rough Sets, Fuzzy Sets, Data Mining, and Granular Computing. Springer-Verlag, 2003: 16 – 24.

[47]   LIN T Y. Granular computing rough set perspective[J]. The Newslet ter of the IEEE Computational Intelligence Society, 2005, 2(4): 1543 – 4281.

[48] LIN T Y. Granular computing: a problem solving paradigm[C]. The 14th IEEE International Conference on Fuzzy Systems, 2005: 132 - 137.

[49] LIN T Y. Data mining: granular computing approach[J]. Lecture Notes in Computer Science, 1999, 1574: 24 - 33.

[50] YAO Y Y. A partition model of granular computing[J]. LNCS Transactions on Rough Sets, 2004, 1: 232 - 253.

[51] YAO Y Y. Granular computing[J]. Computer Science(Ji Suan Ji Ke Xue), 2004, 31: 1 - 5.

[52] YAO Y Y. A triarchic theory of granular computing granular computing [J]. Granular Computing, 2016, 1(2): 145 - 157.

[53] YAO Y Y. The art of granular computing[G]. Springer Berlin Heidelberg, 2007, 4585: 101 - 112.

[54] YAGER R R. On the soundness of altering granular information [J]. International Journal of Approximate Reasoning, 2007, 45(1): 43 - 67.

[55] ZHANG L, ZHANG B. Theory and application of problem solving: theory and application of granular computing in quotient spaces (in Chinese)[M]. 2nd edition. Beijing: Tsinghua University Press, 2007.

[56] KNOBLOCK C A. Generating abstraction hierarchies: an automated approach to reducing search in planning [M]. Boston: Kluwer Academic Publishers, 1993.

[57] BARGIELA A, PEDRYCZ W. The roots of granular computing[C]. IEEE International Conference on Granular Computing, 2006: 806 - 809.

[58] YAO J T. Novel developments in granular computing: applications for advanced human reasoning and soft computation [M]. Information Science Reference-Imprint of IGI Publishing, 2010.

[59] NOLA A D, SESSA S, PEDRYCZ W, et al. Fuzzy relational equations and their applications in knowledge engineering[M]. Eds. Dordrecht: Kluwer Academic Publishers, 1989.

[60] HIROTA K, PEDRYCZ W. Fuzzy relational compression [J]. IEEE Transactions on Systems Man and Cybernetics Part B: Cybernetics, 1999, 29(3): 407 - 415.

[61] NOBUHARA H, PEDRYCZ W, HIROTA K. Fast solving method of fuzzy relational equation and its application to lossy image compression/

reconstruction[J]. IEEE Transactions on Fuzzy Systems, 2000, 8(3): 325 – 334.

[62] GERSHO A, GRAY R M. Vector quantization and signal compression [M]. Boston: Kluwer Academic Publishers, 1992.

[63] PEDRYCZ W, VUKOVICH G. Granular worlds: representation and communication problems [J]. International Journal of Intelligent Systems, 2000, 15(11): 1015 – 1026.

[64] VALENTE D O J. A design methodology for fuzzy system interfaces [J]. IEEE Transactions on Fuzzy Systems, 1995, 3(4): 404 – 414.

[65] PEDRYCZ W. Why triangular membership functions? [J]. Fuzzy Sets and Systems, 1994, 64(1): 21 – 30.

[66] MENCAR C, CASTELLANO G, FANELLI A M. Interface optimality in fuzzy inference systems[J]. International Journal of Approximate Reasoning, 2006, 41(2): 128 – 145.

[67] ROYCHOWDHURY S. Encoding and decoding fuzzy granules[G]. Handbook of Granular Computing, 2008: 171 – 186.

[68] PEDRYCZ W, OLIVEIRA J V D. A development of fuzzy encoding and decoding through fuzzy clustering [J]. IEEE Transactions on Instrumentation and Measurement, 2008, 57(4): 829 – 837.

[69] LIU F, MENDEL J M. Encoding words into interval type-2 fuzzy sets using an interval approach[J]. IEEE Transactions on Fuzzy Systems, 2008, 16(6): 1503 – 1521.

[70] YAO Y Y. Perspectives of granular computing[C]. IEEE International Conference on Granular Computing. 2005, 1: 85 – 90.

[71] PEDRYCZ W, SUCCID G, SILLITTID A, et al. Data description: a general framework of information granules [J]. Knowledge-Based Systems, 2015, 80: 98 – 108.

[72] TANG X Q, ZHU P, CHENG J X. The structural clustering and analysis of metric based on granular space[J]. Pattern Recognition, 2010, 43(11): 3768 – 3786.

[73] SALEHI S, SELAMAT A, FUJITA H. Systematic mapping study on granular computing[J]. Knowledge-Based Systems, 2015, 80: 78 – 97.

[74] LINDA O, MANIC M. General type-2 fuzzy C-means algorithm for

uncertain fuzzy clustering[J]. IEEE Transactions on Fuzzy Systems, 2012, 20(5): 883 - 897.

[75] HAN J C, LIN T Y. Granular computing: models and applications[J]. International Journal of Intelligent Systems, 2010, 25(2): 111 - 117.

[76] ULU C, GÜZELKAYA M, EKSIN I. Granular type-2 membership functions: a new approach to formation of footprint of uncertainty in type-2 fuzzy sets[J]. Applied Soft Computing, 2013, 13(8): 3713 - 3728.

[77] LIVI L, SADEGHIAN A. Data granulation by the principles of uncertainty [J]. International Journal of Research in Computer Applications and Robotics, 2015, 67(8): 113 - 121.

[78] GABRYS B, BARGIELA A. General fuzzy min-max neural network for clustering and classification [J]. IEEE Transactions on Neural Networks, 2000, 11(3): 769 - 783.

[79] SIMPSON P K. Fuzzy min-max neural networks-part 1: classification[J]. IEEE Transactions on Neural Networks, 1992, 3(5): 776 - 786.

[80] SIMPSON P K. Fuzzy min-max neural networks-part 2: clustering[J]. IEEE Transactions on Fuzzy Systems, 1993, 1(1): 32 - 45.

[81] TAKAGI T, SUGENO M. Fuzzy identification of systems and its applications to modeling and control [J]. IEEE Transactions on Systems Man and Cybernetic, 1985, SMC-15(1): 116 - 132.

[82] JIANG B, GAO Z F, SHI P, et al. Adaptive fault-tolerant tracking control of near—space vehicle using Takagi-Sugeno fuzzy models[J]. IEEE Transactions on Fuzzy Systems, 2003, 18(5): 1000 - 1007.

[83] YANG Y S, REN J S. Adaptive fuzzy robust tracking controller design via small gain approach and its application[J]. IEEE Transactions on Fuzzy Systems, 2010, 11(6): 783 - 795.

[84] KHANESA M A, KAYNAK O, TESHNEHLAB M. Direct model reference Takagi-Sugeno fuzzy control of SISO nonlinear systems[J]. IEEE Transactions on Fuzzy Systems, 2011, 19(5): 914 - 923.

[85] KIM M S, KIM C H, LEE J J. Evolving compact and interpretable Takagi-Sugeno fuzzy models with a new encoding scheme[J]. IEEE Transactions on Systems, Man, and Cybernetics, Part B: Cybernetics, 2006, 36(5): 1006 - 1023.

[86] LI C S, ZHOU J Z, FU B, et al. T-S fuzzy model identification with a gravitational search-based hyperplane clustering algorithm[J]. IEEE Transactions on Fuzzy Systems, 2012, 20(2): 305 – 317.

[87] CHEN Y H, YANG B, ABRAHAM A, et al. Automatic design of hierarchical Takagi-Sugeno type fuzzy systems using evolutionary algorithms[J]. IEEE Transactions on Fuzzy Systems, 2007, 15(3): 385 – 397.

[88] JAFARZADEH S, FADALI M S, SONBOL A H. Stability analysis and control of discrete type-1 and type-2 TSK fuzzy systems: Part II. Control Design[J]. IEEE Transactions on Fuzzy Systems, 2011, 19(6): 1001 – 1013.

[89] HADJILI M L, WERTZ V. Takagi-Sugeno fuzzy modeling incorporating input variables selection[J]. IEEE Transactions on Fuzzy Systems, 2002, 10(6): 728 – 742.

[90] PAL N R, SAHA S. Simultaneous structure identification and fuzzy rule generation for Takagi-Sugeno models[J]. IEEE Transactions on Systems, Man, and Cybernetics, Part B : Cybernetics, 38(6): 1626 – 1638.

[91] PEDRYCZ W, SONG M L. Granular fuzzy models: a study in knowledge management in fuzzy modeling[J]. International Journal of Approximate Reasoning, 2012, 53: 1061 – 1079.

[92] REYES-GALAVIZ O F, PEDRYCZ W. Granular fuzzy models: analysis, design, and evaluation [J]. International Journal of Approximate Reasoning, 2015, 64: 1 – 19.

[93] REYES-GALAVIZ O F, PEDRYCZ W. Granular fuzzy modeling with evolving hyperboxes in multi-dimensional space of numerical data[J]. Neurocomputing, 2015, 168: 240 – 253.

[94] PEDRYCZ W, IZAKIAN H. Cluster-centric fuzzy modeling[J]. IEEE Transactions on Fuzzy Systems, 2014, 22(6): 1585 – 1597.

[95] PEDRYCZ W, AL-HMOUZ R, BALAMASH A S, et al. Designing granular fuzzy models: a hierarchical approach to fuzzy modeling[J]. Knowledge-Based Systems, 2015, 76: 42 – 52.

[96] YU H, NI J, ZHAO J. ACOSampling: an ant colony optimization-based undersampling method for classifying imbalanced DNA microarray data[J]. Neurocomputing, 2013, 101(2): 309 – 318.

[97] MAJID A, ALI S, IQBAL M, et al. Prediction of human breast and

colon cancers from imbalanced data using nearest neighbor and support vector machines [J]. Computer Methods & Programs in Biomedicine, 2014, 113(3): 792 – 808.

[98] PAVÓN R, LAZA R, REBOIRO-JATO M, et al. Assessing the impact of class-imbalanced data for classifying relevant/irrelevant medline documents[J]. Advances in Intelligent and Soft Computing, 2011, 93: 345 – 353.

[99] WEI W, LI J, et al. Effective detection of sophisticated online banking fraud on extremely imbalanced data[J]. World Wide Web-internet and Web Information Systems, 2013, 16(4): 449 – 475.

[100] THOMAS C. Improving intrusion detection for imbalanced network traffic [J]. Security and Communication Networks, 2013, 6(3): 309 – 324.

[101] GARCÍA-PEDRAJAS N, ORTIZ-BOYER D, GARCÍA-PEDRAJAS M D, et al. Class imbalance methods for translation initiation site recognition[J]. Knowledge-Based Systems, 2012, 25(1): 22 – 34.

[102] SUN T, JIAO L, FENG J, et al. Imbalanced hyperspectral image classification based on maximum margin[J]. IEEE Geoscience and Remote Sensing Letters, 2014, 12(3): 522 – 526.

[103] GAO X, CHEN Z, TANG S, et al. Adaptive weighted imbalance learning with application to abnormal activity recognition [J]. Neurocomputing, 2016, 173: 1927 – 1935.

[104] HE H, GARCIA E A. Learning from imbalanced data[J]. IEEE Transactions on Knowledge and Data Engineering, 2009, 21(9): 1263 – 1284.

[105] KUBAT M, MATWIN S. Addressing the curse of imbalanced training sets: one-sided selection [C]. International Conference on Machine Learning. 1997: 179 – 186.

[106] BATISTA G E A P A, PRATI R C, MONARD M C. A study of the behavior of several methods for balancing machine learning training data [J]. ACM SIGKDD Explorations Newsletter, 2004, 6(1): 20 – 29.

[107] ESTABROOKS A. A multiple resampling method for learning from imbalanced data sets[J]. Computational Intelligence, 2010, 20(1): 18 – 36.

第 2 章　信息粒和信息粒度

作为新兴的信息处理的概念和计算框架，粒计算在计算智能领域发挥着基础性作用。信息粒一般是通过对数据进行抽象或者对知识进行推导产生的，而粒计算则关注如何表示和处理信息粒这种信息实体。信息粒的设计以及围绕信息粒所进行的一系列处理、计算构成了粒计算的主体。当人类对真实世界进行感知、处理复杂事务的时候，信息粒这个概念无处不在。与此同时，信息粒在系统计算结果的解读以及智能系统的设计中也起着重要的作用。信息粒度在人类的日常生活、工作和研究中也发挥着重要的作用。在这一章中将回顾构建信息粒的各种形式化方法，并且讨论信息粒和信息粒度的相关机制与其内涵的语义。

2.1　信息粒和信息粒度

在人类的认知过程和决策活动中，信息粒和信息粒度的概念无所不在。当人们认识、感知复杂现象的时候，通常将已有的知识与现有的实验证据相结合并将它们构造成一种可以用语言来描述的实体，也就是信息粒。信息粒在随后的描述、推理以及决策制定中都将起着决定性的核心作用。信息粒度在不同的上下文环境以及不同领域的应用中有着不同的意义。比如当我们需要解决一个较复杂的问题时，通常面临很高的空间复杂度和时间复杂度，如果按照合适的粒度将复杂问题分解成一系列的小问题，我们就可以分而治之，各个击破。粒度的概念在这种分治算法中起着显著的作用。

信息粒以及基于信息粒所形成的粒计算体系都源于美国科学家 Zadeh 的开创性研究。信息粒是基于已有的数据通过"信息粒化"过程来产生的，通常地说，信息粒一般指根据数据的相似性、功能相近性、不可区分性或者一致性聚合在一起的元素的集合。而粒计算的主要工作就是表示、创建和处理信息粒。在人类的认知和工作生活中，信息粒的概念或显式或隐式地无处不在。当人们处理各种问题的时候，通常会建立一个由信息粒这一实体构成的概念性框架，并在这个框架中进行问题的描述和解决，最后将处理结果向外界进行输出。通过信息粒这一实体，我们就能够通过对所处理的对象进行某一程度的抽象来形成一般性概念。比如在图像处理中，虽然利用计算机对图像进行处理和识别的技术已经取得了巨大的进步，但是人类在对复杂图像的识别和认知中还是有着巨大的优势。人类在识别图像的时候，并不是着眼于每一个像素点，而是通过一些标准，如颜色、形状相似等将类似的点聚合成一些有意义的实体。人类进行人脸识别的时候，一般是通过将图片上的点聚合成一些有意义的部分——眼睛、嘴巴、鼻子等，然后再进行下一步的处理。人类在这一领域无可比拟的优势源于与生俱来的创建、操纵信息粒的能力。另一个比较常见的例子就是对时间序列信号的解读和处理。在医院里，有经验的医生能够通过读取病人的心电图图形，区分出一些特定的信号片段或者根据某些信号的特定组合来对病人来进行诊断；在股票市场，分析员通过分析股票价格和交易记录的曲线就能分析和预测股票的价格和走势。在这些例子中，人们通常并不是着眼于信号的某一点，而是将相关的信号聚合在一起，形成一个有意义的片段并对其进行解读和分析。在对时间序列的分析中，根据时间或者空间进行的信息聚合也发挥着重要的作用。

信息粒是一种抽象、更高层次的实体。根据不同的抽象程度（信息粒度）所构建的信息粒能够形成一个多层次结构：根据问题复杂度、对处理时间要求的不同，相同的问题可以在不同的粒度层次上进行解决。我们可以根据信息粒度的不同创建不同大小的信息粒，或者对已经形成的信息粒以更小的信息粒度进行细化，这个过程所形成的多层次状信息粒结构就很明显了。信息粒度的大小对于问题解决所需要的时间资源、处理结果的可解读性有着决定性的影响。通过以上分析，我们可以得出一些一般性的结论：

（1）在智能系统中，信息粒是知识表示和处理的关键组件。

（2）信息粒度的大小对于问题的描述和解决策略的制定有重要影响。

（3）通过构建层次状的信息粒结构，我们能够全面地描述所面临的问题，并且可根据需求的不同在不同的层次上对信息粒进行处理。

（4）没有一个普遍适用的信息粒度，信息粒度的大小一般需要根据问题复杂度和用户需求来进行设定。

以用户为中心是将来人工智能发展的一个重要特点。粒计算的基本动机之一也是使计算机能够以类似于人类感知和推理的方式来处理信息。这样，在解决复杂问题的时候，计算机就能够处理不精确和不确定的信息，并且具有较高的效率。以粒计算为框架建立的模型的重要特点就是信息被根据不同的标准组织在一起，形成了所谓的信息粒。在不同的信息粒度上建立的信息粒具有一系

列的优点：可以实现层次状的信息粒并在不同的层次上描述系统；隐藏不必要
的信息细节；可以实现用户为中心的建模等。通过使用模糊集将信息进行聚合
形成信息粒，粒计算就可以处理现实世界中的一些模糊信息。使用模糊集的另
一个好处就是通过模糊集信息粒，系统所具有的知识就可以以语言的形式进行
表达。粒计算已经成为一个崭新的、具有前景的计算框架，在这个框架下，智
能系统的表达和操作都是基于信息粒进行的。通过信息粒的形式，用户与智能
系统之间的双向沟通也将变得更加顺畅有效。

2.2　信息粒的描述以及处理机制

在研究中，有一系列定义和处理信息粒的机制，下面将在这里简要介绍常
用的几种。

2.2.1　集合

一般来说，把具有某种共同性质的元素汇集成一个整体，就构成了集合。
当我们用集合来表示信息粒的时候，该信息粒中某个元素的可辨认性是无二义
性的，即某一元素或者属于这个信息粒集合，或者不属于，二者居其一且只居
其一。当集合中的元素具有连续性的时候，我们就可以用区间表示。Moore 在
1966 年提出的区间分析这一运算理论已经成为数学的一个重要分支[1]。除了
枚举法之外，我们还可以使用值域只有两个值{0，1}的特征函数来描述某个集
合或者区间。假设 A 是一集合或者区间，其特征函数为

$$A(x) = \begin{cases} 1, \text{if} & x \in A \\ 0, \text{if} & x \notin A \end{cases} \qquad (2-1)$$

这里 $A(x)$ 表示 A 的特征函数在 x 点的值。当 $A(x)=1$ 时，表示 x 百分之百属
于集合 A；当 $A(x)=0$ 时，表示 x 百分之百不属于集合 A。集合的主要运算有
交、并和补三种。假设 $A(x)$ 和 $B(x)$ 分别表示集合 A 和 B 在 x 点的特征函数，
$\overline{A}$ 表示 A 的补集，那么这三种运算可以表示如下：

$$(A \bigcap B)(x) = \min(A(x), B(x)) \qquad (2-2)$$

$$(A \bigcup B)(x) = \max(A(x), B(x)) \qquad (2-3)$$

$$\overline{A}(x) = 1 - A(x) \qquad (2-4)$$

假设 $A=[a, b]$ 和 $B=[c, d]$ 为区间的时候，并 $\oplus$ 和交 $\otimes$ 运算分别定义
如下：

$$A \oplus B = [\min(a, c), \max(b, d)] \qquad (2-5)$$

$$A \otimes B = [\max(a, c), \min(b, d)] \qquad (2-6)$$

2.2.2　模糊集

在经典的集合论中，集合中每个元素与集合的隶属关系是明确的。在现实世界中，存在着许多亦此亦彼的模糊现象。人的思维中有很多比较泛化模糊的概念，比如很热、年轻、很快等，用这些概念描述的对象属性没有一个很明确的值。为了研究这些非精确现象，Zadeh 在 1965 年提出的模糊集合论成为一种新的概念和计算框架。通过承认某个元素对于给定信息粒的部分隶属关系，我们就能使得所建立的模型更好地符合现实世界[2-3]。模糊集合中的隶属度函数，是对经典集合中的特征函数的扩展和一般化。模糊集合 A 是通过其隶属度函数 μ_A 来刻画的，隶属度函数 μ_A 在 x_0 处的值 $\mu_A(x_0)$ 被称为 x_0 对于模糊集 A 的隶属度（隶属度取值区间一般为[0，1]）。几种比较典型的隶属度函数包括三角形隶属度函数、梯形隶属度函数、高斯型隶属度函数、一般钟形隶属度函数等。

一般意义上，隶属度函数与模糊集是等价的。同特征函数相似，一个隶属度函数确定一个模糊集合，一个模糊集合也对应唯一的隶属度函数。当模糊集的隶属度的取值只有闭区间[0，1]的两个值{0，1}的时候，模糊集就退化成了普通集合，而隶属度函数也就变成了特征函数，或者可以说普通集合是模糊集合的一个特例，模糊集合是对普通集合的泛化和加强。

模糊集合操作与经典集合类似，也包括交、并、补等。但是由于隶属度的函数取值在区间[0，1]，对于模糊集的操作有一些不同的定义。这些不同的定义是通过 t-norms 和 t-conorms 来实现的[4-5]。

2.2.3　阴影集

阴影集通过将模糊集合划分为可信任、不可信任及不确定三个子集来描述信息粒[6-8]。阴影集通过只保留重要的模糊信息，以一种简化的方式来表示模糊集。阴影集相当于将模糊集信息粒 X 映射到三值逻辑：$X \rightarrow \{1, 0, [0, 1]\}$。在阴影集中，模糊信息的取舍是通过阈值 α 来决定的。当隶属度函数 $f(x) > 1 - \alpha$，则令 $f(x) = 1$，并将元素 x 归为可信任集；当 $f(x) < \alpha$，则令 $f(x) = 0$，将 x 归为不可信任集；隶属度在区间[α，$1 - \alpha$]的元素则保留了模糊性，被归为阴影部分。阴影集可以被看做对模糊集的粒度描述，而阴影则用来表示未知隶属度值的元素。

2.2.4　其他模型

其他常用的信息粒模型还包括粗糙集[9-11]、公理集[12]等。因本书没有涉及这一部分内容，所以不再赘述。具体采用哪种形式来构造信息粒需要根据问题本身的不同以及相应的解决方案来确定。

2.3　信息粒度的量化

信息粒是在数据的基础上构建的更抽象的实体，其抽象程度与该信息粒所包含数据的数量有着直接的关系。通过计算每个信息粒所包含数据的数目，就能对信息粒度有个很直观的认识和度量。一个信息粒所包含的数据量越大（基数越大），其粒度也就越大，对数据的描述也就越抽象，其具体性也就越低。当信息粒 A 是由集合表示的时候，其基数可以通过统计该信息粒中所有元素的总和来确定：

$$\text{card}(A) = \sum_{i=1}^{N} A(x_i) \tag{2-7}$$

这里的 $A(x_i)$ 就是特征函数。当信息粒 A 是模糊集的时候，$A(x_i)$ 的值就是 x_i 对于模糊集 A 的隶属度。

2.4　高型和高阶的信息粒以及混合信息粒

我们所讲的信息粒一般是指建立在 1-型模糊集基础上的信息粒。通过对 1-型信息粒的泛化，可以构造高型和高次信息粒。高型（higher-type）信息粒的构建是通过对隶属度函数的一般化来实现的（这里的隶属度不再是单个的数值而是以信息粒形式出现的，如模糊集、区间等）。高次（high-order）信息粒则是在已有信息粒的基础上进行创建的更高层次的、更抽象的信息粒。在集合或者模糊集中，隶属度函数的值通常是数值型的，通过将隶属度函数的值扩展成信息粒（如区间、模糊集等），就得到了 2-型模糊集。当人们所要处理的模糊信息很难用单值的隶属度函数表示的时候，2-型模糊集或者区间值模糊集就成为一个更好的选择。2-型模糊集的隶属度函数也是一个模糊集，而区间值模糊集在某一点的隶属度为[0，1]的一个子区间。相对来说，区间值模糊集由于其所需计算量较少，运用更加普遍。高次信息粒是在已有信息粒的基础上建立的。当我们在一组模糊集信息粒的基础上对数据进行抽象，就会构建出 2 -型模糊集信息粒。在对数据进行建模的时候，我们会更经常地构造高型信息粒，通过构造不同层次的信息粒，就能利用层次状的信息粒在不同的信息粒度上对系统进行描述。

参 考 文 献

[1] MOORE R. Interval analysis[M]. Englewood Cliffs, NJ: Prentice-Hall, 1966.

[2] ZADEH L A. Fuzzy sets[J]. Information and Control, 1965, 8, 338 – 353.

[3] GOMIDE F, PEDRYCZ W. An introduction to fuzzy sets-Analysis and design[J]. Mathematical Modelling for Sustainable Development, 1998: 389 – 419.

[4] KLEMENT E P, MESIAR R, PAP E. Triangular norms[M]. Dordrecht: Kluwer Academic Publishers, 2000.

[5] PEDRYCZ W, GOMIDE F. Fuzzy systems engineering: Toward human-centric computing. hoboken[M]. NJ: John Wiley, 2007.

[6] TAHAYORI H, SADEGHIAN A, PEDRYCZ W. Induction of shadowed sets based on the gradual grade of fuzziness[J]. IEEE Transactions on Fuzzy Systems, 2013, 21(5): 937 – 949.

[7] PEDRYCZ W. Shadowed sets: representing and processing fuzzy sets. [J]. IEEE Transactions on Systems Man and Cybernetics Part B : Cybernetics, 1998, 28(1): 103 – 109.

[8] PEDRYCZ W. Interpretation of clusters in the framework of shadowed sets[J]. Pattern Recognition Letters, 2005, 26(15): 2439 – 2449.

[9] PAWLAK Z. Rough sets[J]. Information Science. 1982, 11: 341 – 356.

[10] PAWLAK Z. Rough sets and fuzzy sets[J]. Fuzzy Sets and Systems, 1985, 17(1): 99 – 102.

[11] PAWLAK Z. Rough sets: theoretical aspects of reasoning about data [M]. Kluwer Academic Publishers, 1992.

[12] LIU X, PEDRYCZ W. Axiomatic fuzzy set theory and its applications [M]. Berlin: Springer-Verlag, 2009.

第3章 信息粒的编码与解码

3.1 问题的定义

信息粒是对特定领域知识的反映，在对问题的表示、处理、和交互中起着重要作用[1-4]。信息粒是通过信息粒化这一过程而在不同的抽象层次上被创建的实体[5]。粒化信息结构在许多问题的处理中都有广泛的应用，如基于词的计算（Computing with Words，CWW）、时间序列的粒度化表示和预测、模糊规则系统的结构性简化、模式识别和系统建模中的粒度数据描述等。在这些应用中，信息粒都被用做粒计算的基础性构件。以信息粒为基础，人们就可以实现统一的概念和处理框架，并在这个框架中发展必要的理论、方法、技术和工具来对信息粒进行形式化、创建和操纵。信息粒是抽象化的、概念上很有吸引力的实体，它能使我们对所处理系统有一个全局的把握，并且可以根据不同的需求对具有不同信息粒度的信息粒进行处理。

当计算机系统同外部世界进行交互的时候，一般需要将可用的数值数据或者粒化信息通过一组由通用信息粒组成的码本进行表示；然后对结果进行处理和转换，最后传递给外部环境。这两个同外部进行交互的过程称为编码和解码。在这里，我们将要研究和处理的对象是信息粒，相应的机制称为粒化和解粒化（granulation and degranulation）。当处理区间信息粒的时候，这个过程也被称为量化（quantization）。当处理模糊集的时候，这两种操作一般称为模糊化和解模糊化（fuzzification and defuzzification）。考虑到在粒化和解粒化这两个过程之间没有其他操作，也许有人会期望在粒化—解粒化过程之后，输出的结果是原来被编码的信息粒。但是由于误差的存在，输出的结果和输入的信息粒未必完全一致。

在本书中，我们将描述 1-型模糊集信息粒的编码-解码问题，设计相应的解码机制并且讨论该解码机制所输出的比所处理信息粒更高类型的信息粒（比如说 2-型信息粒）的优化问题。鉴于 1-型信息粒的编码-解码问题还没有研究涉及，这里将要研究的问题和所提出的解决方案具有很高的原创性。该解决方案有着合理有效的理论背景支撑，是切实可行的。在处理模糊集，尤其是在模糊建模中，信息的编码—解码的重要性是显而易见的。通常，模糊模型是在模糊集（而不是数值）的基础上建立和运行的；模糊模型的输入和输出之间的关系是在模糊集的层次上进行描述的；最后模糊模型的输入也是模糊集。当人们需要模糊模型输出数值型结果的时候，就需要对结果进行解码然后输出。比如，对时间序列在一个特定抽象层次上进行建模的时候，使用信息粒就成为一个必然的选择。通常，时态数据（时间序列）都是数值类型的。当人们需要解读、分析这些序列中的时序片段的时候，一般会将数值型数据分割成一些区间并且转换（抽象）成一组信息粒（可以通过合理的粒度准则来创建这些信息粒[6]）。假设有一组对应于特定时间间隔的数值数据样本 $\{x_1, x_2, \cdots, x_N\}$，并且将幅度的变化也考虑在内，即 $\{\Delta x_1, \Delta x_2, \cdots, \Delta x_{N-1}\}$，这里 $\Delta x_i = x_{i+1} - x_i$。接下来，在由幅度和幅度的变化形成的笛卡尔积空间，即 $X \times \Delta X$ 内，运行模糊聚类算法。对于每一个变量，都以模糊聚类算法产生的原型为中心构造区间信息粒。这样就能构造二维信息粒来对时间序列进行描述，并且可以利用这些信息粒来创建预测模型。图 3.1 中的例子（取自 Gesture Phase Segmentation 数据集，http：//archive.ics.uci.edu/ml）就是基于一个特定的时间序列数据所构造的信息粒描述符（定义在由幅度 X 和幅度变化 ΔX 构成的笛卡尔积空间内）。

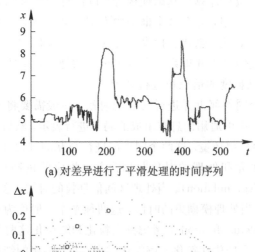

(a) 对差异进行了平滑处理的时间序列

(b) 在 $(X, \Delta X)$ 空间对数值数据进行表示

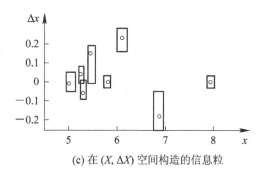

(c) 在 $(X, \Delta X)$ 空间构造的信息粒

图 3.1 数值时间序列及其信息粒描述符

这里我们考虑一个通过模糊集描述的时间序列模糊自回归模型。这种模型的一般形式是以定义在幅度空间的引用模糊集 A_1，A_2，$\cdots$，A_c 当前激活度的 max-min 组合来描述的，即 $a(k+1) = a(k) \circ R$，也就相当于 $\max\limits_{x \in X}[\min(A(x), R(x, y))]$，这里 R 是描述时间序列 $x(k)$ 的当前样本的模糊集激活度与下一个时间点 $(k+1)$ 的观测值之间关联的模糊关系。换句话说，$a(k) = [A_1(x(k))$，$A_2(x(k))$，$\cdots$，$A_c(x(k))] \in [0, 1]^c$。接下来，激活向量 $a(k+1)$ 需要被解码然后返回一个预测的时间序列数值，即 $x(k+1) = \text{Dec}(a(k+1))$，这里 $\text{Dec}(.)$ 表示某种解码机制。这就需要在解码阶段产生的误差要尽可能小，保证预测的结果不受影响。也就是说，这要求所涉及的解码方案要产生尽可能小的误差。

通过和之前编码解码领域的研究结果相比较，我们就能更好地从特定的视角来看待所研究的问题。在已有的关于编码-解码的研究[7]中，编码和解码都是在数值型数据环境中进行的，即进行编码的数据和解码之后产生的结果都是数值型的。在文献[8]中，Pedrycz 研究讨论了如何量化编码-解码后产生的重建（解码）误差以及相应的优化机制。鉴于重建误差的普遍存在，在文献[1]中，Pedrycz 研究了如何构造粒原型使得重建产生的信息粒结果能"覆盖"原来的数值数据。本质上，对数值型数据的重建将产生区间信息粒。换句话说，我们遇到了信息粒度导致的类型提升效应：从 0-型信息粒（数值型数据）到 1-型信息粒（区间）。本书研究的编码-解码机制也将遵循相同的模式，即信息粒度引起的信息粒类型的提升：对 1-型信息粒（模糊集）进行编码，解码的结果是 2-型信息粒（区间值模糊集信息粒）。这些信息粒的构造是在具有可靠理论结果的关系演算的基础上进行的。

当只涉及数值型数据的时候，本书中的编码-解码的含义与信息理论中编码-解码的意义一致。在信息粒(包括模糊集)框架下,并且码本也是由信息粒构成的时候,解码就是处理由信息粒码本进行编码的数值型数据。当要进行编码的数据也是信息粒的时候,解码或者重建的结果(由于误差导致信息的缺失)就会以更抽象类型的信息粒的形式出现。

本书所提出的编码-解码机制的重要性主要体现在两个方面:

(1) 可以作为粒计算的基本范式之一,作为粒化-解粒化的概念性框架;

(2) 从应用的角度出发,有助于优化和解读粒计算的结果。

3.2 粒数据描述和重建

如上所述,我们关注的问题是如何用构造由 c 个信息粒组成的码本 $A=\{A_1, A_2, \cdots, A_c\}$ 来表示粒数据。假定有一组在空间 X 的信息粒 X_1, X_2, $\cdots$, X_N,我们的目标是构造一个码本 A 使得任意 X_k 在编码-解码过程之后,其重建质量都能达到最优(重建质量是根据特定的目标函数来衡量的)。同时,要求 A 构成 X 空间的一个划分,也就是说所有 A_i 的并集能够"覆盖"X,即 $\sum\limits_{i=1}^{c} A_i(x)=1$。或者也可以采用一个较弱的约束条件,即对于任意 $x \in X$,码本中至少存在一个元素 A_i,满足 $A_i(x)>0$。将输入的信息粒用码本进行表示的过程称为编码,根据码本中的元素重建输入信息粒的过程就称为解码。由模糊集构成的码本进行编码-解码的过程存在着不可避免的重建误差,可以通过优化组成码本的信息粒来减小这种误差。在文献[8]中,Pedrycz 在研究根据 FCM 算法构造码本的过程中,对此已经有了深入的探讨。重建误差的存在就意味着重建的结果不再是单个的数值,而是 1-型信息粒。为了解决重建过程中的误差问题,Pedrycz 在文献[1]中提出了粒原型的概念。由于不存在零误差的编码-解码方案,误差的存在就会导致重建过程中信息粒类型的提升。

在本书中,我们将定义 1-型信息粒(模糊集)的编码-解码问题,设计一个解码机制,并且阐明在解码之后会产生比所编码的数据更高类型的信息粒(2-型信息粒)。图 3.2 通过对比对于数值型数据的编码-解码框架,解释了我们所提方案的本质。在这两种情况下,由于解码误差的存在,都会导致解码后信息粒类型的提升(0-提升成 1-型信息粒,1-型信息粒提升为 2-型信息粒)。

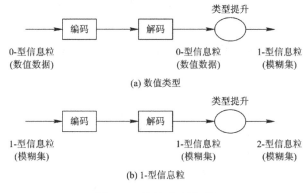

(a) 数值类型

(b) 1-型信息粒

图 3.2 编码-解码机制

3.3 使用码本表示和重建粒数据

在本节中，我们将研究信息粒的表示和重建机制。

3.3.1 表示机制

表示机制的关键是定义信息粒码本 A 中的每一个元素与需要编码的粒数据 X_1，X_2，$\cdots$，X_N 之间的关系。我们需要通过信息粒码本 A 中的元素来描述/刻画 X_k。有两种互为补充且很直观的方式可以用来实现这种关系的描述：

（1）通过量化 X_k 与 A_i 的吻合程度（A_i 与 X_k 的重叠度）；

（2）通过量化 A_i 被 X_k 包含的程度。

这两种特征的值是分别通过 possibility 值和 necessity 值来描述的。possibility 值量化了 X_k 与 A_i 重合的程度：

$$\lambda_{ik} = \text{poss}(X_k, A_i) = \sup_{x \in X} \left[\min(X_k(x), A_i(x)) \right] \qquad (3-1)$$

通过将 min 操作符替换为 t-norm 操作，上述 possibility 度的定义可以被更一般化，使得聚合机制具有交互性，允许用户自己定义隶属度函数值 $X_k(x)$ 与 $A_i(x)$ 之间的关系操作。这样，我们就得到了下面的公式：

$$\lambda_{ik} = \text{poss}(X_k, A_i) = \sup_{x \in X} \left[t(X_k(x), A_i(x)) \right] \qquad (3-2)$$

necessity 值是用来衡量 A_i 被 X_k 包含的程度，其定义如下：

$$\mu_{ik} = \text{nec}(X_k, A_i) = \inf_{x \in X} \left[\max(X_k(x), 1 - A_i(x)) \right] \qquad (3-3)$$

如对 possibility 操作的一般化过程类似，通过将 max 操作符替换成任意的 t-cornorm 操作，necessity 值的计算可以被扩展为

$$\mu_{ik}=\text{nec}(X_k, A_i)=\inf_{x\in X}\left[s(X_k(x), 1-A_i(x))\right] \qquad (3-4)$$

这里，$i=1, 2, \cdots, c$；$k=1, 2, \cdots, N$。图 3.3 通过一系列的示例详细讲述了如何计算 possibility 和 necessity 的值（虚线表示在确定 necessity 度的时候 A_i 的补集）。

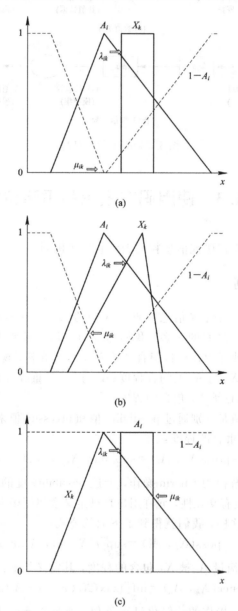

图 3.3 信息粒 A_i 和 X_k 之间的 possibility 值和 necessity 值

码本的可解释性是个开放性的问题。通常，可解释性包含两方面的需求：首先，需要满足覆盖率的要求，即论域中的每个元素至少可以"激活"码本中的一个信息粒。很显然，在任一点上，码本中信息粒的隶属度函数值之和为 1 这个要求是比覆盖率更强的条件。其次，码本中的模糊集信息粒必须是易分辨的，也就是说，每一个模糊集都具有明确的语义并且相邻的模糊集之间的重叠区域有限。在编码过程中，当需要考虑码本的可解释性的时候，我们可以将这一需求明确包含在优化的目标函数中或者外加某些限制条件。

3.3.2　重建机制

下面我们将讨论如何重建信息粒 X_k。假定有一组与已编码的信息粒 X_k 相关联的 possibility-necessity 值（用 λ_{ik} 和 μ_{ik} 表示，$i=1,2,\cdots,c$），我们通过计算解码后的模糊集的上边界和下边界来重建信息粒 X_k。信息粒重建的理论基础是模糊关系演算理论与模糊关系方程式的相关研究成果[9-12]。通过利用这些理论的研究成果，我们可以计算得到下列边界：

解码之后 X_k 的上边界（用 $\hat{X}_k$ 表示）：

$$\hat{X}_k(x)=\min_{i=1,2,\cdots,c}\left[A_i(x)\varphi\lambda_{ik}\right] \tag{3-5}$$

这里的组合运算 φ 定义如下：

$$a\varphi b=\begin{cases}1 & \text{if } a\leqslant b \\ b & \text{if } a>b\end{cases} \quad a,b\in[0,1] \tag{3-6}$$

解码之后 X_k 的下边界（用 $\check{X}_k$ 表示）：

$$\check{X}_k(x)=\max_{i=1,2,\cdots,c}\left[(1-A_i(x))\beta\mu_{ik}\right] \tag{3-7}$$

这里的组合运算 β 定义如下：

$$a\beta b=\begin{cases}b & \text{if } a\leqslant b \\ 0 & \text{if } a>b\end{cases} \quad a,b\in[0,1] \tag{3-8}$$

这种信息粒重建的解决方案采用了关系演算的一些基本成果，输出的结果是 2-型模糊集信息粒。下面的例子包括一个三角形模糊集 A_i 和一个区间形状的信息粒 X_{ik}，如图 3.4 所示（实线用来表示重建后的上边界和下边界），X_{ik} 就是通过由 A_i 所确定的上边界和下边界而形成的具有区间隶属的信息粒：

$$\hat{X}_{ik}(x)=A_i(x)\varphi\lambda_{ik}=\begin{cases}1 & \text{if } A_i(x)\leqslant\lambda_{ik} \\ \lambda_{ik} & \text{if } A_i(x)>\lambda_{ik}\end{cases} \tag{3-9}$$

$$\check{X}_{ik}(x)=(1-A_i(x))\beta\mu_{ik}=\begin{cases}\mu_{ik} & \text{if } (1-A_i(x))\leqslant\mu_{ik} \\ 0 & \text{if}(1-A_i(x))>\mu_{ik}\end{cases} \tag{3-10}$$

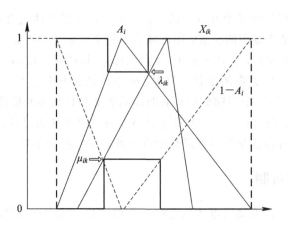

图 3.4 通过 A_i 对信息粒进行重建的结果

很显然，信息粒解码的结果是以对值 $(\tilde{X}_k, \hat{X}_k)$ 的形式呈现的，并且 $X_k(x) \in [\tilde{X}_k(x), \hat{X}_k(x)]$。也可以说，这一对值确定了一个具有区间隶属度的信息粒。下面我们举例说明使用一组三角模糊集进行描述的信息粒 X_k 的重建。码本是由 5 个在 1/2 处交叉重叠的邻接三角模糊集组成，如图 3.5 所示。信息粒 X_k 所对应的 possibility 值和 necessity 值组成了两个 5 维向量 $\boldsymbol{\lambda}_k = [\lambda_{1k} \quad \lambda_{2k} \quad \cdots \quad \lambda_{5k}] = [0.29 \quad 0.72 \quad 0.80 \quad 0.43 \quad 0.15]$ 和 $\boldsymbol{u}_k = [\mu_{1k} \quad \mu_{2k} \quad \cdots \quad \mu_{5k}] = [0.00 \quad 0.29 \quad 0.45 \quad 0.15 \quad 0.00]$。如图 3.6 所示，对 X_k 的重建结果是一个具有区间值隶属度的 2 -型信息粒，X_k 被包含在上边界 $\hat{X}_k$ 和下边界 $\tilde{X}_k$ 之间。由于重建过程中误差的存在导致了解码后信息粒的类型提升。

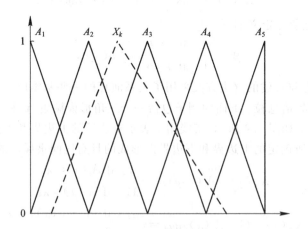

图 3.5 信息粒 X_k 和码本中的元素 $\boldsymbol{A} = \{A_1, A_2, A_3, A_4, A_5\}$

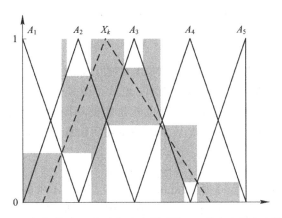

图 3.6　根据码本 **A** 中元素重建得到的 X_k 的上边界和下边界

　　作为编码的逆运算问题，解码的解决方案在模糊关系演算理论与模糊关系方程式中具有坚实的理论基础。尤其是公式(3-5)和公式(3-7)中，将一组与被解码的模糊集相关的关系方程组合在一起的解决方案具有一些优异的特性。首先，通过这种方式组织的等式保证了没有非空结果集；其次，由公式(3-5)给出的极小解是唯一的。这些特性对于公式(3-7)中的等式也是成立的，极大解的唯一性也是可以保证的。通过这种方式来构建具有区间值隶属度模糊集的解码方案就有了坚实的理论基础。总而言之，用公式(3-5)和公式(3-7)中确定的边界值可以将原有被编码的模糊集包括在内。

　　利用相似关系理论[13]来对信息粒进行编码也是一种可行途径，但是这种方案通常需要较大的计算开销，这使得解码变得困难。相比较而言，本书提出的解决方案就需要很小的计算量，能够迅速地给出答案。

3.4　码本的优化

　　信息粒重建的结果取决于码本中的信息粒元素。接下来，我们将定义一个相应的目标函数并且讨论如何对其进行优化。

3.4.1　优化目标

　　如上所述，对于码本的重建会导致信息粒类型的提升，生成 2-型信息粒。这也同时表明了一个事实，即重建误差无法被完全消除并且需要被量化。为了改善编码-解码机制的性能，我们需要尽量缩小解码后 X_k 的区间隶属度上下边界之间的距离。优化准则是对重建质量的反映，我们期望 X_k 的区间隶属度

上下边界之间的 $\|\cdot\|$ 距离最小化，所以提出了优化目标函数 Q：

$$Q = \sum_{k=1}^{N} \{ \|\hat{X}_k - X_k\| + \|\tilde{X}_k - X_k\| \} \tag{3-11}$$

目标函数 Q 的最小化是通过优化码本 A 中的元素来进行的。最优的码本就是使公式(3-11)的值达到最低点的码本，也就是说 $A_{opt} = \arg\min_A Q(A)$。随着 Q 值的最小化，对于获得的最优码本(也就是能使解码后 X_k 的上下边界更紧凑的码本)，我们通过下面的公式 V 来评估重建后信息粒上下边界之间的距离：

$$V = \sum_{k=1}^{N} \|\hat{X}_k - \tilde{X}_k\| \tag{3-12}$$

在上述公式中，距离 $\|\cdot\|$ 为 Hamming 距离。码本 A 中的元素的优化方式取决于所采用的优化算法。由于这个问题的搜索空间是非线性的，所以基于梯度的优化算法在这里不适用。一个可行的方案就是采用基于种群的优化技术，如粒子群算法 PSO。

3.4.2 使用 PSO 算法对码本进行优化

在 PSO 算法中，粒子群体是由若干粒子组成的，其中的每个粒子都代表码本 A 中模糊集的隶属度函数的模态值(当 A 是由模糊集组成的时候)。初始的粒子集合是通过随机方式产生的。在迭代搜索的过程中，每一个粒子都根据公式(3-11)中适应度函数的指引来调整自身的搜索方向和速度来对整个搜索空间进行搜索。

在 PSO 算法的每一次迭代中，每个粒子都根据两个"极值"来调整自己的搜索方向。第一个极值是整个种群中的最优个体 g_{best}，即到目前为止在全局范围内，种群中的粒子所到达的使得适应度函数值最小的全局最优位置。第二个是个体最优解 p_{best}，即当前粒子所到达的使得适应度函数值最小的最优位置的坐标。通过迭代的方式反复尝试改善粒子的适应度函数值，PSO 算法就可以发现问题的最优解或者近似最优解。假设 $s_i(t)$ 表示种群中的第 i 个粒子在第 t 代时在搜索空间的位置，$v_i(t)$ 表示该粒子在第 t 代时的速度，粒子根据如下的公式来更新自己的速度和位置：

$$v_i(t+1) = w v_i(t) + \varphi_1 \otimes (p_{best} - s_i(t+1)) + \varphi_2 \otimes (g_{best} - s_i(t+1)) \tag{3-13}$$

在上面的公式中，w 是惯性权重(通常取值 0.5)，φ_1 和 φ_2 是由均匀分布在 $[0, 2]$ 区间上的随机数组成的学习因子向量。符号 $\otimes$ 表示这里的乘法是在每个相应的维度上进行的。下一个时刻，粒子在搜索空间位置是由下面的公式决定的：

$$s_i(t+1) = s_i(t) + v_i(t+1) \tag{3-14}$$

从上面的公式可以看出，第 i 个粒子更新后的速度由三部分组成，并且很显然每个粒子都会朝着群体中目前最优个体的位置 g_{best} 以及粒子本身到达过的最好位置 p_{best} 的方向移动。

在明确了要解决的问题和 PSO 算法的机制后,我们来看一下本问题的搜索空间的维度。码本 A 中元素的数目 c 是提前设定的,第一个模糊集的模态值是 $x_{\min}$,最后一个模糊集的是 $x_{\max}$,这两个值可以根据问题的搜索空间预先确定,所以搜索空间的维度等于 $c-2$。当码本中的元素为区间的时候,当前区间的下边界与之前一个区间的上边界是重合的,并且 $x_{\min}$ 是第一个区间的下边界。当确定了其他的 $c-1$ 个区间的下边界的时候,就能确定所有的区间了。这种情况下,问题搜索空间的维度等于 $c-1$。

3.5　实　　验

在本节中,我们通过一系列对粒数据进行编码和解码的实验来验证本书提出的解决方案,并讨论码本 A 中的模糊集(或者区间)的数量对于信息粒重建质量的影响。为了评价优化后的码本的质量,对优化后的码本和未优化的均匀分布在论域空间的码本进行了比较。

3.5.1　一维数据

这一部分,我们首先使用随机生成的一维数据集。这里需要使用一个随机数发生器生成 $N(N=50)$ 个均匀分布在空间 $\boldsymbol{X}=[0,10]$ 的区间值。用随机生成区间值 X_k 的中心值 m_k 来构造区间 $[m_k-r_1,\ m_k+r_2]$,这里 r_1 和 r_2 都是均匀分布在区间 $[0,1]$ 内的随机数。在图 3.7 中,通过描绘 m_k,r_1 和 r_2 展示了所生成的区间数据。

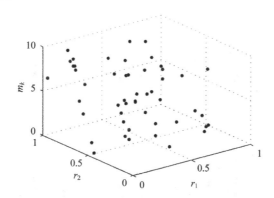

图 3.7　通过在空间 (m_k,r_1,r_2) 用模态值表示的随机生成的区间粒数据

在实验中,码本的大小 c 是变化的。我们考虑 $c=3,\cdots,10,20,30$ 的情况。码本分别由区间、半重叠的三角模糊集和半重叠的抛物线模糊集来组成。

在运行 PSO 算法的时候，粒子种群的大小设定为 20～40。根据搜索空间的不同，我们会动态调整种群的大小，以此保证目标函数能够被充分优化。根据以往实验的经验，PSO 算法的最大迭代次数设定为 100。大部分情况下，PSO 算法在第 60 代的时候就已经收敛了，随后目标函数的值没有进一步显著的优化。图 3.8 展示了在迭代过程中，目标函数的值被优化的情况。优化后码本的目标函数 Q 和评估函数 V 的值如图 3.9 所示。

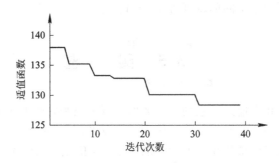

图 3.8　在 PSO 算法迭代过程中目标函数值的变化情况
（区间码本，$c=4$）

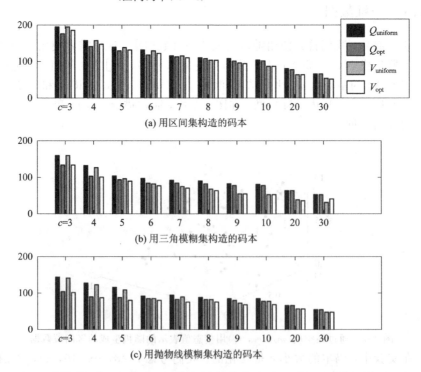

(a) 用区间集构造的码本

(b) 用三角模糊集构造的码本

(c) 用抛物线模糊集构造的码本

图 3.9　用不同大小的码本来表示区间时的目标函数 Q 和 V 的值

在图 3.9 中，$Q_{uniform}$ 表示使用均匀分布的模糊集时目标函数 Q 的值，Q_{opt} 表示对模糊集进行了优化之后的 Q 值，$V_{uniform}$ 表示使用均匀分布的模糊集时评价函数 V 的值，V_{opt} 表示优化后的模糊集对应的评价函数 V 的值。图 3.9 的结果显示随着码本中用来进行编码的信息粒的数目的增加，目标函数 Q 和 V 的值都会减小。当码本中的元素数目小于 6 的时候，目标函数的值降低地很快。当码本的规模大于 6 的时候，目标函数的值会继续减小，但是减小的幅度不再那么明显。当码本的规模比较小的时候，用抛物线模糊集构成的码本的性能比用三角模糊集和区间集构成的码本的性能要好。但是当码本中用于编码的信息粒数目大于 7 的时候，三角模糊集的表现就更加突出了。PSO 算法在优化码本、降低重建误差方面具有明显优势：目标函数的值明显降低，尤其是在 c 的值小于 7 的情况下。图 3.10 展示了当码本的大小分别等于 5、10 和 30 的时候，利用三角模糊集信息粒组成的码本对区间信息粒 $[2.31，3.48]$ 进行重建后的结果(阴影部分代表重建后产生的上边界和下边界之间的区域)。如图 3.10 所示，正如我们所预料的那样，码本中用来编码的信息粒数目越多，重建的结果就越精确。

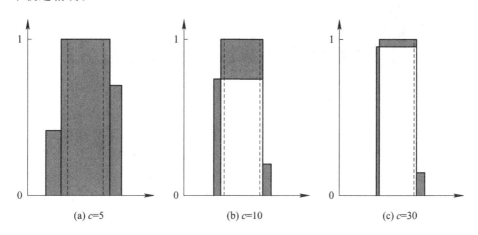

(a) c=5　　　　　　(b) c=10　　　　　　(c) c=30

图 3.10　用不同大小的码本对区间信息粒 $[2.31，3.48]$ 进行重建的结果

接下来，我们将 X_k 用三角模糊集来表示，然后重复之前的实验。同之前的实验一样，X_k 的值也是随机生成的。三角模糊集的模态值 m 是在空间 X 上随机生成的，然后通过在 $[0，1]$ 区间以均匀分布的方式随机生成 r_1 和 r_2 的值，确定模糊集的上边界 $a＝m－r_1$ 和下边界 $b＝m＋r_2$。码本中的用来编码的信息粒的数目被分别设定为 $c＝3、\cdots、10、20$ 和 30。我们用不同形式的信息粒来构建码本，然后评估不同类型信息粒的性能。这里的码本分别是由区间、半

重叠的三角模糊集和半重叠的抛物线模糊集所构造的信息粒组成。实验的结果如图 3.11 所示。

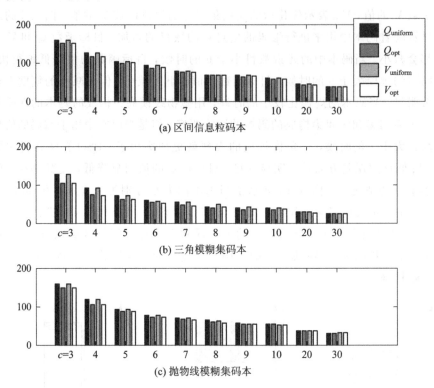

(a) 区间信息粒码本

(b) 三角模糊集码本

(c) 抛物线模糊集码本

图 3.11 用不同规模的码本来表示三角模糊集时目标函数 Q 和 V 的值

接下来对抛物线模糊集形式的 X_k 的编码-解码也进行了研究和实验。实验中分别研究了当码本的大小为 $c=5$、10 和 30 的时候的重建能力。分别采用了区间集、三角模糊集、抛物线模糊集类型的信息粒构成的码本。对下边界为 3.81 和上边界为 5.49 的抛物线模糊集的重建结果如图 3.12 所示(原模糊集用实线表示,阴影表示重建后上下边界所覆盖的区域)。

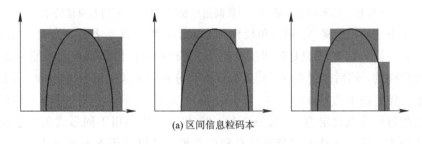

(a) 区间信息粒码本

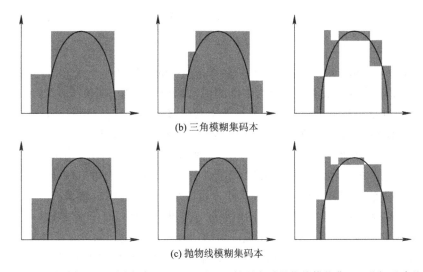

(b) 三角模糊集码本

(c) 抛物线模糊集码本

图 3.12 用不同类型和不同大小(c=5、10 和 30)的码本对抛物线模糊集 X_k 进行重建的结果

上述实验结果都揭示了同一个趋势：随着码本中元素数目的增多，目标函数的值随之下降，重建的质量也越来越好。在这些实验中，PSO 算法对于码本性能的改善增强起到了明显的作用。比如，当 c=5 的时候，在使用不同类型的码本对区间信息粒进行重建的时候，性能的改善分别达到了 7%～38%（区间集信息粒码本），5%～18%（三角模糊集码本）和 8%～15%（抛物线模糊集码本）。

3.5.2 多维数据

在之前的研究中，我们主要关注一维模糊集信息粒的编码和解码问题。在多维粒数据的表示和重建问题中，码本中的信息粒 A_i 和 $\boldsymbol{X}$ 均被定义在相应的多维空间内，即 $A_i = A_{i1} \times A_{i2} \times \cdots \times A_{ip}$ 并且 $\boldsymbol{X} = \boldsymbol{X}_1 \times \boldsymbol{X}_2 \times \cdots \times \boldsymbol{X}_p$。与此同时，关于重叠度和包含度的计算公式也必须重新定义。多维数据的编码-解码问题可以定义为：当面临一组一定数量的定义在各个维度上的信息粒时，如何分配每个维度上的用来进行编码的信息粒的数目，使得 $c_1 + c_2 + \cdots + c_p = c$，并且在所有维度上构造相应的信息粒对原始数据进行编码，同时使得目标函数的值最小。

用来计算 possibility 度和 necessity 度的公式被扩展并定义如下：

$$\text{poss}(X_k, A_i) = \max_{x \in X}[\min(X_k(x), A_i(x))] \qquad (3-15)$$

$$\text{nec}(X_k, A_i) = \min_{x \in X}[\max(X_k(x), 1 - A_i(x))] \qquad (3-16)$$

这里 $A_i(x) = \min(A_{i1}(x_1), A_{i2}(x_2), \cdots, A_{ip}(x_p))$ 并且 $X_k(x) = \min(X_{k1}(x_1), X_{k2}(x_2), \cdots, X_{kp}(x_p))$。假设 p=2，这里用一个简单的例子来说明如何计算二维信息粒的 possibility 值和 necessity 值：

$$poss(X_k, A_i) = \max_{x_1 \times x_2 \in X_1 \times X_2} [\min(X_{k1}(x_1), A_{i1}(x_1), X_{k2}(x_2), A_{i2}(x_2))]$$

$$nec(X_k, A_i) = \min_{x_1 \times x_2 \in X_1 \times X_2} [\max(1 - A_i(x), X_k(x))]$$

这里 $A_i(x) = \min(A_{i1}(x_1), A_{i1}(x_2))$ 且 $X_k(x) = \min(X_{k1}(x_1), X_{k1}(x_2))$。

下面通过实验来阐述如何为多维的信息粒构建码本。随机生成 $N = 50$ 个二维数据。问题的论域空间为 $\boldsymbol{X} = X_1 \times X_2$，其中 $\boldsymbol{X}_1 = [0, 10]$，$\boldsymbol{X}_2 = [0, 10]$。首先通过随机的方式来生成 $\boldsymbol{X}_k$ 的中心点，也就是 (m_{k1}, m_{k2})，并且在每个维度上构造一个区间，分别用 $[m_{k1} + r_{11}, m_{k1} + r_{12}]$ 和 $[m_{k2} + r_{21}, m_{k2} + r_{22}]$ 来表示，其中 r_{11}、r_{12}、r_{21} 和 r_{22} 都是均匀分布在 $[0, 1]$ 区间的随机数。生成的二维数据如图 3.13 所示。和之前的实验一样，码本的大小 c 也是变化的。我们分别研究 $c = 10$、12、14、16、18 和 20 的情况。码本中的用来进行编码的信息粒是由半重叠的相互邻接的三角模糊集来表示的。首先，生成一组均匀分布在 X 空间的三角模糊集；然后，运行 PSO 算法，通过改变模糊集的模态值来优化目标函数，使得重建误差最小化。目标函数的最优值与在不同维度上的码本的大小也有关系。这里有两种选择：

(1) $c_1 = c_2 = c/2$；

(2) $c_1 + c_2 = c$，也就是说，$c_2 = c - c_1$。对于既定的码本大小 c，我们考虑不同的 c_1 值 $(2, 3, \cdots, c-2)$ 并且对优化后的目标函数值进行比较。

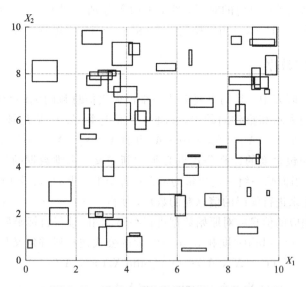

图 3.13　随机生成的区间类型二维数据

如表 3.1 所示，对于特定的码本，分别记录三组不同的目标函数值。在该表中，a 列代表的是 $c_1 = c_2$ 时，均匀分布的模糊集码本对应的目标函数值；b 列表示 $c_1 = c_2$ 时，优化后的码本对应的目标函数值；c 列代表 $c_1 + c_2 = c$ 时目标函数的最优值(括号中的数字分布表示 c_1 和 c_2 的值)。

表 3.1 不同大小的码本对应的目标函数 Q 和 V 的值

码本大小	Q			V		
	a	b	c	a	b	c
10	223.80 (5, 5)	194.4 (5, 5)	189.57 (6, 4)	182.90 (5, 5)	116.66 (5, 5)	111.78 (6, 4)
12	220.23 (6, 6)	185.48 (6, 6)	182.62 (8, 4)	144.79 (6, 6)	102.98 (6, 6)	101.33 (8, 4)
14	204.28 (7, 7)	178.42 (7, 7)	176.35 (8, 6)	119.74 (7, 7)	98.68 (7, 7)	93.52 (8, 6)
16	199.23 (8, 8)	173.13 (8, 8)	172.80 (9, 7)	104.17 (8, 8)	90.19 (8, 8)	87.08 (9, 7)
18	186.91 (9, 9)	169.39 (9, 9)	162.82 (10, 8)	99.21 (9, 9)	87.01 (9, 9)	81.40 (10, 8)
20	178.57 (10, 10)	163.00 (10, 10)	160.31 (12, 8)	92.53 (10, 10)	76.57 (10, 10)	70.02 (12, 8)

每个维度上指定的码本的大小对目标函数有着明显的影响。当 $c \leqslant 20$ 时,如果 $c_1 = c_2 = c/2$,经过 PSO 算法优化过的码本的重建质量比用均匀分布的信息粒组成的码本的质量高 9%~15%;如果 $c_1 + c_2 = c$,优化的码本对重建质量的改善程度为 11%~18%。图 3.14 中显示的是当 $c_1 = c_2 = 5$ 时,用 PSO 算法来优化由三角模糊集组成的码本时,每一次迭代过程中的重建误差。图 3.15 中绘制了当码本大小 $c_1 = c_2 = 7$ 时,优化后的码本中的模糊集和一部分重建后的二维数据(黑色粗线表示重建后的上边界和下边界)。在 x_1 维度上,优化后的三角模糊集的模态值为 {0.00,1.41,4.74,6.45,7.38,8.87,10.00},在 x_2 维度上为 {0.00,2.80,4.06,4.93,7.07,8.40,10.00}。

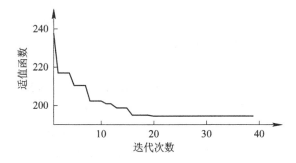

图 3.14 当 $c_1 = c_2 = 5$,用 PSO 算法优化三角模糊集码本时每代的重建误差

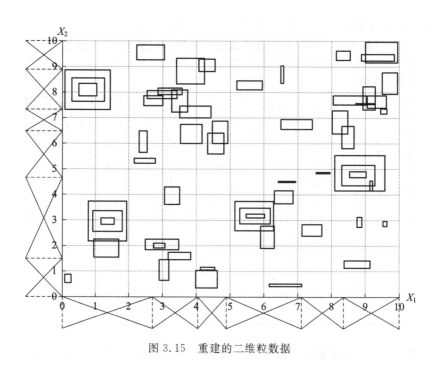

图 3.15　重建的二维粒数据

3.6　应用研究：粒模糊网络的解释

通过本书的信息粒编码机制建立的信息粒可以用来增强粒逻辑模型的可解释性。下面使用一种通过结合粒计算和神经网络建立的粒模糊网络来阐述如何用编码后的信息粒来解读粒度模型。粒模糊神经网络是通过对传统数值型神经网络的一般化来建立的。在粒模糊神经网络中，任意的数值型输入都会产生一个信息粒类型结果的输出。这里我们使用区间值粒模糊神经网络，这种神经网络连接的权重都是区间值。图 3.16 展示了一个粒模糊神经网络的例子。这个模糊神经网络所具有的两个逻辑层分别由 AND 和 OR 神经元组成。假设输入和 AND 神经元之间连接的权重 $W_1 \sim W_6$ 分别为 $[0.1, 0.7]$、$[0.5, 0.9]$、$[0.4, 0.5]$、$[0.9, 1.0]$、$[0.0, 0.05]$ 和 $[0.2, 0.7]$、AND 神经元和 OR 神经元之间的权重 $W_7 \sim W_{12}$ 分别为 $[0.9, 0.95]$、$[0.5, 0.6]$、$[0.7, 0.8]$、$[0.4, 0.6]$、$[0.1, 0.3]$ 和 $[0.5, 0.7]$。我们将这些粒度化的权重值作为需要进行编码的粒数据并且建立一个最优的码本 $\{A_i\}$。接下来的目标就是通过为每一个连接分配一个语义描述符，如 small、medium 等来解释这个神经网络。这样，就能将这个神经网络转换成一组由语言描述的规则，使得输入—输出直接的依赖关系具有可解释性。语义描述符的数目远小于粒度连接 W_1，W_2，$\cdots$，W_{12} 的数目，这些语义描述符就是我们所要进行优化的码本。

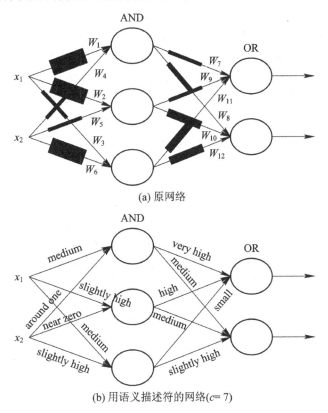

(a) 原网络

(b) 用语义描述符的网络($c=7$)

图 3.16 具有区间连接值的粒模糊神经网络

一旦完成最优的码本 $\{A_i\}$ 的建立，就可以通过以下方式，用码本中的某一元素来近似表示每一个权重 W_k：这个 A_i 必须使得表达式 $[\mathrm{poss}(W_k，A_i)+\mathrm{nec}(W_k，A_i)]/2$ 的值达到最大，即

$$\rho = \max_{i=1,2,\cdots,c} \frac{1}{2}[\mathrm{poss}(W_k，A_i)+\mathrm{nec}(W_k，A_i)] \qquad (3-17)$$

对于不同的 c 值(本实验中，$c=3，5$ 和 7)，用和之前的实验一样的方法构造最优的码本(分别采用三角模糊集信息粒和抛物线模糊集信息粒)。接下来利用使式(3-17)的值达到最大化的信息粒 A_i 来描述相应的表示权重的区间值。当码本经过优化之后，用于编码的最优三角模糊集的模态值分别为：当 $c=3$ 时，0.00，0.55 和 1.00；当 $c=5$ 时，0.00，0.51，0.71，0.90 和 1.00；当 $c=7$ 时，

0.00，0.10，0.51，0.61，0.70，0.95 和 1.00。这些三角模糊集都具有明确定义的语义：

$c=3$：small，medium，high

$c=5$：small，medium，high，very high，around one

$c=7$：near zero，small，medium，slightly high，high，very high，around one

通过码本中的元素对区间值权重进行描述的结果如表 3.2 所示（括号左边的数值为 ρ 的取值，括号中的标签是用来描述 W_k 的模糊集）。在码本经过优化后，用于编码的抛物线模糊集的模态值分别为：当 $c=3$ 时，0.00，0.54，和 1.00；当 $c=5$ 时，0.00，0.48，0.73，0.90 和 1.00；当 $c=7$ 时，0.00，0.10，0.23，0.50，0.70，0.87 和 1.00。同样，这些模糊集也具有明确的语义，如：

$c=3$：small，medium，high

$c=5$：near zero，medium，high，very high，around one

$c=7$：near zero，very small，small，medium，high，very high，around one

通过由抛物线模糊集组成的码本中的元素对区间值权重进行描述的结果如表 3.3 所示（括号中的标签是用来描述 W_k 的模糊集）。

表 3.2 用三角模糊集码本中的元素对 W_k 进行描述的结果

	$c=3$	$c=5$	$c=7$
W_1	0.70(medium)	0.90(medium)	1.00(medium)
W_2	0.50(medium)	0.98(high)	0.97(slightly high)
W_3	0.49(medium)	0.49(medium)	0.49(medium)
W_4	0.60(high)	1.00(around one)	0.98(around one)
W_5	0.55(small)	0.55(small)	0.74(near zero)
W_6	0.70(medium)	0.81(medium)	1.00(slightly high)
W_7	0.45(high)	0.52(very high)	0.45(very high)
W_8	0.53(medium)	0.51(small)	0.51(medium)
W_9	0.30(high)	0.53(high)	0.50(high)
W_{10}	0.60(medium)	0.61(medium)	0.63(medium)
W_{11}	0.40(small)	0.40(near zero)	0.52(small)
W_{12}	0.49(medium)	0.51(medium)	1.00(slightly high)

表 3.3　用抛物线模糊集码本中的元素对 W_k 进行描述的结果和 ρ 的相应取值

	$c=3$	$c=5$	$c=7$
W_1	0.61(medium)	0.78(medium)	1.00(medium)
W_2	0.50(medium)	0.86(high)	1.00(high)
W_3	0.50(medium)	0.52(medium)	0.49(high)
W_4	0.56(high)	0.94(around one)	0.77(around one)
W_5	0.52(small)	0.53(near zero)	0.67(near zero)
W_6	0.61(medium)	0.68(medium)	1.00(medium)
W_7	0.48(high)	0.49(very high)	0.44(very high)
W_8	0.50(medium)	0.48(medium)	0.51(medium)
W_9	0.39(high)	0.52(high)	0.49(high)
W_{10}	0.55(medium)	0.54(medium)	0.60(medium)
W_{11}	0.44(small)	0.45(near zero)	0.57(small)
W_{12}	0.50(medium)	0.48(medium)	V0.51(high)

3.7　结　　论

在本章中，我们研究了 1-型粒数据的编码-解码以及码本的优化问题。粒数据的表示和重建过程中面临着某种类型的解粒化误差，这种误差导致了比原有信息粒更高类型的信息粒的出现，也就是 2-型信息粒。信息粒度的提升是信息粒编码-解码过程中普遍面临的问题。信息粒度的提升能够吸收解码所产生的误差，这个原则对用其他方式表示的信息粒也适用。比如，如果对区间数据进行编码，解码后会生成粒度区间数据；当处理 2-型模糊集的时候，经过类型提升后会生成 3-型模糊集。为了实现使所形成的 2-型模糊集信息粒的上下边界更紧凑这个优化目标，我们对码本的优化问题进行了研究。实验表明，结合 PSO 优化算法，码本能够很有效地得到优化。对于码本规模比较小的情况，PSO 算法优化的效果更加明显。

参 考 文 献

[1] PEDRYCZ W, BARGIELA A. An optimization of allocation of information granularity in the interpretation of data structures: toward granular fuzzy clustering[J]. IEEE Transactions on Systems, Man, and Cybernetics, Part B: Cybernetics, 2012, 42(3): 582 – 590.

[2] PEDRYCZ W, BARGIELA A. Granular computing: an introduction [M]. Dordrecht, The Netherlands: Kluwer, 2003.

[3] GACEK A. From clustering to granular clustering: a granular representation of data in pattern recognition and system modeling[C]. Ifsa World Congress and Nafips Meeting. 2013: 502 – 506.

[4] PEDRYCZ W, GACEK A. Clustering granular data and their characterization with information granules of higher Type[J]. IEEE Transactions on Fuzzy Systems, 2015, 23(4): 850 – 860.

[5] ZADEH L A. Fuzzy sets and information granularity[G]. Advances in Fuzzy Set Theory and Applications, North-Holland, 1979: 3 – 18.

[6] PEDRYCZ W, HOMENDA W. Building the fundamentals of granular computing: a principle of justifiable granularity [J]. Applied Soft Computing, 2013, 13(10): 4209 – 4218.

[7] GERSHO A, GRAY R M, Vector quantization and signal compression [M]. Kluwer Academic Publishers, Boston, 1992.

[8] PEDRYCZ W, OLIVEIRA J V D. A development of fuzzy encoding and decoding through fuzzy clustering [J]. IEEE Transactions on Instrumentation and Measurement, 2008, 57(4): 829 – 837.

[9] NOLA A D, SESSA S, PEDRYCZ W, et al. Fuzzy relational equations and their applications in knowledge engineering[M]. Eds. Dordrecht: Kluwer Academic Publishers, 1989.

[10] PEDRYCZ W. Fuzzy control and fuzzy systems[M]. 3rd ext. ed. Taunton, New York: Research Studies Press/J. Wiley, 1993.

[11] HIROTA K, PEDRYCZ W. Fuzzy relational compression [J]. IEEE Transactions on Systems Man and Cybernetics Part B: Cybernetics, 1999, 29(3): 407 – 415.

[12] NOBUHARA H, PEDRYCZ W, HIROTA K. Fast solving method of fuzzy relational equation and its application to lossy image compression/reconstruction[J]. IEEE Transactions on Fuzzy Systems, 2000, 8(3): 325 - 334.

[13] SETNES M, BABUSKA R, KAYMAK U, et al. Similarity measures in fuzzy rule base simplification [J]. IEEE Transactions on Systems, Man, and Cybernetics, Part B: Cybernetics, 1998, 28(3): 376 - 386.

第4章 基于合理粒度准则创建信息粒描述符 与信息粒的性能评估

4.1 问题描述

  粒计算包括从信息粒的构建到基于信息粒形成统一的方法论和开发环境这一系列过程。信息粒是粒计算的基础，粒计算是对信息粒进行描述、构建和处理的研究。信息粒是基于现有实验数据并进行一定抽象而建立的一种信息实体。建立在信息粒基础上的粒计算可以充分利用现有的关于区间分析、模糊集和粗糙集的研究成果，通过给信息粒分配合理的信息粒度，为这些已有技术建立一个统一的视图。通过粒计算这个统一的平台框架，就能更好地建立满足各种技术的交互模型。和传统的数值计算相比，粒计算可以在更少的时间内得到满意的结果。信息粒和信息粒度的概念在整个粒计算中处于核心地位。当面对大量数据时，无法用其中一个(或者几个)单一的数值完整准确地表述这些数据的意义。因此首先面临的一个巨大挑战就是如何搞清楚这些数据的意义，如何帮助使用对象理解这些数据，以及如何将有用数据整合起来从而帮助使用者做出决策。信息粒的构建能够帮助我们描绘这些信息并且让用户基于这些信息做出决策，同时信息粒还可以兼顾到信息的完整性和准确性，能够更好地服务于待解决的问题。在粒计算中，推理和计算不是数字驱动的，而是围绕信息粒这一基本的概念和算法实体进行的。"粒计算"就是获得、处理和交流信息粒的过程。我们的目标是通过构建一系列的粒数据描述符，使其能够很好地描述原有数据，反映数据的内在拓扑结构。

  如何根据实验数据构造一组高质量的信息粒对问题的描述和随后的处理至关重要。通过各种聚类算法形成的数值型的聚类中心能够在一定程度上反映原有数据的一般性结构，但是还不够全面，因为这些聚类中心不能提供每个聚类的大小和形状等信息。而通过形成一系列具有不同尺寸规格的信息粒，就可以在很大程度上克服这一缺点。在本章内容中，我们将研究如何根据实验数据构造信息粒，确定信息粒的最优数目并且根据合理信息粒度理论优化每个信息粒的尺寸。本书提出的构造信息粒的方法可以作为粒计算的基本理论方法之一。通过本书提出的方法构造的信息粒能够很好地刻画原始数据的拓扑结构并且可以作为粒计算的通用构件。

4.2　合理粒度准则和粒化-解粒化机制

作为粒计算的基本准则之一，合理粒度准则经常被用来指导利用实验数据构造有意义的信息粒。当构造一个信息粒的时候，通常需要满足以下两个需求。这里，假设信息粒 Ω 是一个区间，比如$[a,b]$。

（1）实验证据的合理性：构造的信息粒必须有足够的实验数据来支撑，也就是说，在信息粒 Ω 的边界内必须集聚足够多的实验数据样本。信息粒所"覆盖"的数值型数据越多，就越能更好地反映实验数据的特点。

（2）明确的语义：同时，信息粒必须具有明确的语义且具有可解释性，这就要求所构造的信息粒必须尽可能具体。信息粒 Ω 的两个边界之间的距离越短，它就越具体，也就越有意义。

假设我们基于一组一维数据 $\boldsymbol{D}=\{y_1, y_2, \cdots, y_N\}$，$y_k \in R$，$k=1, 2, \cdots, N$ 来构造区间信息粒 Ω。很显然一个合理的信息粒必须有足够的实验证据来支撑，并且呈现出一定程度的具体性。信息粒 Ω 的合理性可以通过位于 Ω 边界内的数据的基数，即 $\mathrm{card}\{y_k \in \Omega\}$ 来量化。我们可以采用一种最简单的形式，考虑一个以基数为参数的递增函数，比如说，$f_1(\mathrm{card}\{y_k \in \Omega\})$，这里 $f_1(u)=u$。信息粒 Ω 的具体性可通过区间的长度来进行衡量。区间的长度可以通过 $\mathrm{length}(\Omega)=|b-a|$ 来确定，或者也可以利用其他的非递增函数 f_2 作为具体性的量度。$\mathrm{length}(\Omega)$ 的值越小，函数 $f_2(\mathrm{length}(\Omega))$ 的值就越大，所构造的信息粒也就越具体。很显然，合理性和具体性这两个需求是相互冲突的。信息粒所包含的实验数据越多，其合理性就越强，与此同时，具体性就会降低。一个合理的信息粒的优化目标函数通常以 $f_1(\mathrm{card}\{y_k \in \Omega\})$ 与 $f_2(\mathrm{length}(\Omega))$ 的乘积的形式出现。这样我们就可以在这两个相互冲突的需求之间寻找一个合适的折中点。一般通过两个步骤来构造信息粒：首先，确定目标数据集的数值型原型；然后，分别优化信息粒的上边界和下边界来达到双目标优化函数的 Pareto 前沿。

粒化和解粒化的概念在信息粒的系统建模中已经被广泛使用[1]。在数据压缩和量化领域，我们使用编码和解码来描述模拟-数字转换和数字-模拟转换机制[2]。当处理信息粒的时候，相应的转换机制就被称为粒化和解粒化。更具体地说，当处理的是模糊集的时候，这两种操作通常也被称为模糊化和解模糊化[3]。

假设有一个由 n 维数值型数据组成的数据集 $\boldsymbol{X}$，这里 $\boldsymbol{X}=\{\boldsymbol{x}_1, \boldsymbol{x}_2, \cdots, \boldsymbol{x}_N\}$，$\boldsymbol{x}_k \in \mathbf{R}^n$，$k=1, 2, \cdots, N$。对于这个数据集，我们需要构造特定数目的信息粒，比如，$\Omega_1, \Omega_2, \cdots, \Omega_c$。当 Ω_i 是模糊集的时候，产生的信息粒 $\boldsymbol{\Omega}=\{\Omega_1, \Omega_2, \cdots, \Omega_c\}$ 可以通过数值型的原型和由隶属度值构成的分割矩阵来描述和表示。在粒化过程结束后，每一个数值型的输入数据 $\boldsymbol{x}_k$ 都可以由一组隶属度值 $u_1(\boldsymbol{x}_k), u_2(\boldsymbol{x}_k), \cdots, u_c(\boldsymbol{x}_k)$ 来表示。通过这种方式，就可以使用 c 个信息粒 $\Omega_1, \Omega_2, \cdots, \Omega_c$ 来对 $\boldsymbol{x}_k$ 进行表示。假设 G 表示粒化机制，而 D 表示相应的解粒化机制，在理想的情况下，当对粒化的结果进行解粒化的时候，我们期望重建的结果应该是零误差的，也就是说 $D(G(\boldsymbol{x}_k, \boldsymbol{v}_1, \boldsymbol{v}_2, \cdots, \boldsymbol{v}_c, \boldsymbol{U}))=\boldsymbol{x}_k$，这里 $\boldsymbol{v}_i$ 表示信息粒 Ω_i 的数值原型，$i=1, 2, \cdots, c$，但是解粒化过程通常伴随着一定程度的解粒化误差，即 $D(G(\boldsymbol{x}_k, \boldsymbol{v}_1, \boldsymbol{v}_2, \cdots, \boldsymbol{v}_c, \boldsymbol{U})) \approx \boldsymbol{x}_k$。粒化-解粒化机制的性能可以通过下面的量化函数来进行评价：

$$V=\sum_{k=1}^{N} \| \boldsymbol{x}_k - \hat{\boldsymbol{x}}_k \|^2 \tag{4-1}$$

其中的 $\hat{\boldsymbol{x}}=D(G(\boldsymbol{x}_k, \boldsymbol{v}_1, \boldsymbol{v}_2, \cdots, \boldsymbol{v}_c, \boldsymbol{U}))$，$\| \cdot \|$ 表示某种特定的距离函数[3]。性能指标 V 的值越低，说明这些信息粒的质量越高，但是重建误差通常都是不可避免的。一个比较特殊的例子是一维空间中通过与相邻的隶属度函数在 $1/2$ 处重叠交叉的三角模糊集实现的粒化-解粒化机制[4]。通过这种三角模糊集进行粒化-解粒化可以实现零误差重建，这也从一个侧面说明了为什么三角模糊集很受欢迎并且应用广泛。但是当需要处理的数据是多维的时候，这种零误差的特性就不复存在了。除了数值型结果以外，粒化-解粒化机制也可以产生信息粒形式的结果，这时我们期望粒化-解粒化机制所输出的信息粒能够"覆盖"原有的数值型数据，即 $\boldsymbol{x}_k \subset \boldsymbol{X}_k$。这种算法的性能就可以通过对覆盖准则的满足程度来进行量化评价。

4.3 信息粒的创建

在本节中，我们将讨论如何构造一组超椭体信息粒（ellipsoidal information granules）。我们主要关注利用合理粒度准则来创建超椭体信息粒并且研究所设计信息粒对原始数据重建的能力。

假设基于数据集 X 来创建信息粒，这里 $X=\{x_1, x_2, \cdots, x_N\}$，$x_k\in\mathbf{R}^n$，$n\geqslant1$，$k=1, 2, \cdots, N$。首先需要对这些数据进行规格化处理，将这些数值映射到 n 维单位空间内。我们的目标是在合理粒度准则的指导下创建 c 个超椭体信息粒 $\{\Omega_1, \Omega_2, \cdots, \Omega_c\}=\boldsymbol{\Omega}$。

现实世界的数据并不总是均匀地围绕着聚类中心分布，所以圆形的信息粒具有一定程度的局限性，而创建超椭体信息粒就成为另一种选择。超椭体的构件在模式识别和数据挖掘中已经有了广泛的应用，请参考文献[6]～[8]。当 $n=1$ 的时候，形成的信息粒 Ω_i，$i=1, 2, \cdots, c$，就是一个区间信息粒；当 $n=2$ 时，Ω_i 是椭圆形的信息粒；当 $n=3$ 的时候，Ω_i 是椭球体的信息粒；当 $n>3$ 时，Ω_i 就是超椭圆体信息粒。为了描述的简洁性，我们将文中的信息粒 Ω_i 统一称为椭圆体信息粒。一个以 v_i 为中心的 n 维超椭圆体信息粒可以用以下公式表示：

$$E(\Omega_i)=\{x\,|\,(x-v_i)^{\mathrm{T}}U_i\boldsymbol{\Sigma}_i^2\,U_i^{\mathrm{T}}(x-v_i)\leqslant1\},\ x\in\mathbf{R}^n \qquad (4-2)$$

其中 U 是一个大小为 $n\times n$ 的正交矩阵，其每一行都是相应椭圆体主轴方向上的单位向量，$\boldsymbol{\Sigma}_i$ 代表第 i 个信息粒的对角矩阵。对角矩阵中的对角元素 $\boldsymbol{\Sigma}_{i,jj}=1/\rho_{ij}$，$\rho_{ij}$ 表示该椭圆体第 $j(j=1, 2, \cdots, n)$ 个半主轴的长度。当以 v_i 为中心的椭圆体的主轴方向与坐标轴的方向都平行的时候，椭圆体信息粒的表示可以简化如下：

$$E(\Omega_i)\equiv\{x\,|\,(x-v_i)^{\mathrm{T}}\,\boldsymbol{\Sigma}_i^2\,(x-v_i)\leqslant1\},\ x\in\mathbf{R}^n \qquad (4-3)$$

本章中，我们采用两种不同的聚类方法来确定这 c 个信息粒的数值原型。第一种方法是采用 Fuzzy C-Means(FCM)算法。在粒计算中，FCM 算法已经成为确定信息粒原型的标准方法。当 FCM 算法运行结束后，会返回一组数值原型 $\{v_1, v_2, \cdots, v_c\}$，我们以这些数值原型为中心来创建信息粒。另一种值得考虑的方法是采用 Gustafson-Kessel(GK)算法来确定一组数值原型。GK 算法通过引入诱导矩阵，采用一组自适应距离标准对 FCM 算法进行扩展，所以它可以发现椭圆体形状的聚类。然后，以上一步确定的数值原型为中心创建信息粒 $\{\Omega_1, \Omega_2, \cdots, \Omega_c\}$。这些信息粒的半轴长度可以通过长度向量 $\boldsymbol{\rho}_1, \boldsymbol{\rho}_2, \cdots, \boldsymbol{\rho}_c$ 来描述，其中 $\boldsymbol{\rho}_i=[\rho_{i1}\quad\rho_{i2}\quad\cdots\quad\rho_{in}]^{\mathrm{T}}$，$i=1, 2, \cdots, c$。我们需要对长度向量进行优化，以期所构造的信息粒在覆盖率和具体性之间达到一个平衡点。当这些信息粒的中心是通过 FCM 算法得到的时候，假定所形成的信息粒的轴坐标与空间坐标轴平行。

4.3.1 指导创建信息粒的目标函数

信息粒的质量是通过覆盖率和具体性这两个指标来评价的。我们假设信息粒 Ω_i 的中心（数值原型）v_i 是通过 FCM 算法产生的。信息粒 Ω_i 的覆盖率可以通过统计该椭圆体所覆盖的数据数量来确定：

$$\text{coverage}(\Omega_i) = \text{card}\left\{ x_k \mid \sum_{j=1}^{n} \left(\frac{x_{kj} - v_{ij}}{\rho_{ij}} \right)^2 \leqslant 1 \right\}, \ k = 1, 2, \cdots, N \quad (4-4)$$

信息粒 Ω_i 的具体性可以通过下面的公式来量化：

$$\text{specificity}(\Omega_i) = 1 - \text{volume}(\Omega_i)^{1/n}, \ i = 1, 2, \cdots, c \quad (4-5)$$

其中 volume(Ω_i) 代表 n 维空间内的超椭圆体信息粒的体积。体积计算公式如下：

$$\text{volume}(\Omega_i) = \frac{\pi^{\frac{n}{2}}}{\Gamma\left(\frac{n}{2}+1\right)} \prod_{j=1}^{n} \rho_{ij} = \begin{cases} \dfrac{\pi^m}{m!} \prod_{j=1}^{n} \rho_{ij}, & n = 2m \\ \dfrac{2^{2m+1} m! \pi^m}{(2m+1)!} \prod_{j=1}^{n} \rho_{ij}, & n = 2m+1 \end{cases}$$

$$(4-6)$$

其中 $\Gamma(\cdot)$ 是伽马函数。用哪种具体公式来计算 volume(Ω_i) 的值取决于 n 是奇数还是偶数。第 i 个信息粒的质量 $V(\Omega_i)$ 可以通过覆盖率与具体性乘积的方式来进行量化，公式如下所示：

$$V(\Omega_i) = \text{coverage}(\Omega_i) \times \text{specificity}(\Omega_i), \ i = 1, 2, \cdots, c \quad (4-7)$$

这一组信息粒的总体质量可以通过以下方式来进行衡量：

$$V(\Omega_1, \Omega_2, \cdots, \Omega_c) = V(\Omega_1) + V(\Omega_2) + \cdots + V(\Omega_c) \quad (4-8)$$

另一种确定信息粒的中心和方向的方法是采用 Gustafson 和 Kessel 所提出的 GK 算法[9]。GK 算法通过将 FCM 算法的欧几里得距离（Euclidean distance）扩展成马氏距离（Mahalanobis distance），从而具备了发现椭圆形聚类的能力。马氏距离是通过 $d_{\text{GK}}^2 = (x_k - v_i)^{\text{T}} A_i (x_k - v_i)$ 来计算的，公式中的正定对称矩阵 A_i 是通过对模糊协方差矩阵取逆来确定的。每个聚类都有自己的正定对称矩阵 A_i。在聚类的过程中，这些矩阵将被算法优化，以使得每个聚类都能调整距离标准，使得形成的聚类能够更好地反映数据的结构特点。当 GK 算法完成以后，会返回一组聚类中心（数值原型）$\{v_1, v_2, \cdots, v_c\}$、模糊隶属度矩阵 $[u_{ki}]$（$k=1, 2, \cdots, N$; $i=1, 2, \cdots, c$）和模糊协方差矩阵 $\{F_1, F_2, \cdots, F_c\}$。对于每一个聚类，其对应的协方差向量 F_i（$i=1, 2, \cdots, c$）是通过以下公式确定的：

$$F_i = \frac{\sum\limits_{k=1}^{N} \mu_{ki}^m (\boldsymbol{x}_k - \boldsymbol{v}_i)(\boldsymbol{x}_k - \boldsymbol{v}_i)^{\mathrm{T}}}{\sum\limits_{k=1}^{N} \mu_{ki}^m} \qquad (4-9)$$

接下来，正定对称矩阵 $\boldsymbol{A}_i$ 可通过以下公式来确定：

$$\boldsymbol{A}_i = (\sigma_i \det(\boldsymbol{F}_i))^{1/n} \boldsymbol{F}_i^{-1} \qquad (4-10)$$

这里 σ_i 的值通常取 1。因为 $\boldsymbol{A}_i$ 是正定矩阵，所以它可以被转换成 $\boldsymbol{A}_i = \boldsymbol{U}_i \boldsymbol{\Sigma}_i^2 \boldsymbol{U}_i^{\mathrm{T}}$ 的形式（如公式（4-2）所示），其中 $\boldsymbol{\Sigma}_i$ 是对角矩阵。这时信息粒 Ω_i 的覆盖率计算如下：

$$\text{coverage}(\Omega_i) = \text{card}\{\boldsymbol{x}_k \mid (\boldsymbol{x}_k - \boldsymbol{v}_i)^{\mathrm{T}} \boldsymbol{U}_i \boldsymbol{\Sigma}_i^2 \boldsymbol{U}_i^{\mathrm{T}} (\boldsymbol{x}_k - \boldsymbol{v}_i) \leqslant 1\} \qquad (4-11)$$

其中 $k = 1, 2, \cdots, N$，$\boldsymbol{\Sigma}_i$ 中的对角元素（第 i 个半主轴的长度的倒数）需要被优化，以使得公式（4-8）中的目标函数的值达到最优。信息粒的具体性计算公式与式（4-5）相同。

4.3.2　评估信息粒重建能力的目标函数

我们也可以通过考量椭圆体信息粒对原始数据的表示和重建能力来设计信息粒。在模糊编码和解码中，文献[10]已经对数值型数据的重建问题进行了深入研究。重建误差是通过重建后的数据 $\hat{\boldsymbol{x}}$ 与原数据 $\boldsymbol{x}$ 之间的偏离程度（距离）来进行衡量的。在本书中，我们将研究这些椭圆体信息粒的粒度表示能力。我们设计了一种粒度重建机制，重建后的输出结果是信息粒而不是数值。重建的结果可以通过重建后信息粒的覆盖率和具体性来评价。可以通过特定目标函数的指引来优化椭圆体信息粒的半轴长度，从而使得重建信息粒在覆盖率和具体性之间达到一个平衡点。

当使用 FCM 算法确定了信息粒的数值原型后，就以这些原型为中心点构造一组信息粒。假设信息粒 Ω_i 的中心点是 $\boldsymbol{v}_i$，$i = 1, 2, \cdots, c$。对于被信息粒 Ω_i 所覆盖（包含）的任意数据 $\boldsymbol{x}_k$，我们就认为 $\boldsymbol{x}_k$ 可以通过 Ω_i 来表示，或者 $\boldsymbol{x}_k$ 的粒重建的结果 $\boldsymbol{X}_k = \Omega_i$。如果 $\boldsymbol{x}_k$ 没有被任何的信息粒所覆盖（包含），那么 $\boldsymbol{x}_k$ 对信息粒 Ω_i 的隶属度可以通过以下方式来计算：

$$u_i(\boldsymbol{x}_k) = \frac{1}{\sum\limits_{j=1}^{c} \left(\dfrac{\parallel \boldsymbol{x}_k - \boldsymbol{v}_i \parallel}{\parallel \boldsymbol{x}_k - \boldsymbol{v}_j \parallel} \right)^2} \qquad i = 1, 2, \cdots, c; \ k = 1, 2, \cdots, N \qquad (4-12)$$

因为在（4-12）中计算隶属度的时候我们使用的是欧几里得距离，所以 $\boldsymbol{x}_k$ 的数值型重建结果 $\hat{\boldsymbol{x}}_k$ 可以表示为

$$\hat{x}_k = \frac{\sum_{i=1}^{c} u_i^m(x_k) v_i}{\sum_{i=1}^{c} u_i^m(x_k)} \quad i=1, 2, \cdots, c; \ k=1, 2, \cdots, N \qquad (4-13)$$

这里的 m 表示控制隶属度函数形状的模糊系数。这个数值型的重建结果可以作为重建的椭圆体信息粒 X_k 的中心点。信息粒 X_k 的半轴长度向量可以通过以下方式来确定：

$$\hat{\boldsymbol{\rho}}_k = \frac{\sum_{i=1}^{c} u_i^m(x_k) \boldsymbol{\rho}_i}{\sum_{i=1}^{c} u_i^m(x_k)} \qquad (4-14)$$

每一个维度上的半轴的长度可以用下面的公式来计算：

$$\hat{\boldsymbol{\rho}}_{kj} = \frac{\sum_{i=1}^{c} u_i^m(x_k) \rho_{ij}}{\sum_{i=1}^{c} u_i^m(x_k)} \quad j=1, 2, \cdots, n \qquad (4-15)$$

这些重建的信息粒 X_k 的质量是通过覆盖率和具体性来评价的。覆盖率可以通过重建的椭圆体信息粒 X_k 所覆盖（包含）的原始数据 x_k 的基数来确定：

$$\text{coverage}(\{x_1, x_2, \cdots, x_N\}) = \frac{\text{card}\{k=1, 2, \cdots, N \mid x_k \in X_k\}}{N} \qquad (4-16)$$

被覆盖的数值数据越多，这些粒原型所具有的重建能力就越强。很显然粒原型的数目和原始信息粒的尺寸对覆盖率准则有着显著的影响。重建后的信息粒的总体具体性可以用以下方式来衡量：

$$\text{specificity}(\{X_1, X_2, \cdots, X_N\}) = \frac{1}{N} \sum_{k=1}^{N} \text{sp}(X_k) \qquad (4-17)$$

$$\text{sp}(X_k) = 1 - \text{volume}(X_k)^{1/n} \qquad (4-18)$$

这里的覆盖率和具体性准则也是相互冲突的。覆盖率的增加会引起具体性的降低；反之亦然。所以我们也将目标函数定义为覆盖率和具体性的乘积的形式：

$$Q(\Omega_1, \Omega_2, \cdots, \Omega_c) = \text{coverage}(\{X_1, X_2, \cdots, X_N\}) \times \text{specificity}(X_1, X_2, \cdots, X_N)$$
$$(4-19)$$

这样我们就将重建问题转换成了一个多目标优化问题，优化目标就是在覆盖率和具体性这两个相互冲突的需求之间寻求一个平衡点。优化完成以后，就确定了最优的信息粒半轴长度矩阵 $\boldsymbol{\rho}_{\text{opt}}$，$\boldsymbol{\rho}_{\text{opt}} = [\boldsymbol{\rho}_{1, \text{opt}} \quad \boldsymbol{\rho}_{2, \text{opt}} \quad \cdots \quad \boldsymbol{\rho}_{c, \text{opt}}]$，并且使目标函数 $Q(\Omega_1, \Omega_2, \cdots, \Omega_c)$ 达到了最大值。

另一种值得研究的重建途径是利用粒度隶属度值。这时，每个原始数值对应于信息粒的隶属度不再是单个数值，而是一个区间形式的信息粒。假设d_{ik}^-代表数值数据x_k和信息粒Ω_i之间的最近距离，d_{ik}^+代表最远距离，如图 4.1 所示，这里使用的是欧几里得距离。当x_k被Ω_i覆盖（包含）的时候，我们设定d_{ik}^-和d_{ik}^+都等于零。确定一个给定数据点到某个椭圆体的最近和最远距离的问题可以通过将其转换为标准的最小化问题来解决。一旦确定了最近和最远距离，d_{ik}^-和d_{ik}^+的值也就确定了。

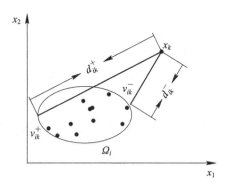

图 4.1　数值数据x_k与粒原型Ω_i之间的最近和最远距离

对于没有被任何一个椭圆体粒原型覆盖（包含）的数值数据x_k，其对于信息粒Ω_i的隶属度区间的上下边界计算方式如下：

$$a_{ik}^1 = \frac{1}{\sum\limits_{j=1}^{c}\left(\dfrac{d_{ik}^-}{d_{jk}^-}\right)^2} \quad i=1, 2, \cdots, c;\ k=1, 2, \cdots, N \quad (4-20)$$

$$a_{ik}^2 = \frac{1}{\sum\limits_{j=1}^{c}\left(\dfrac{d_{ik}^+}{d_{jk}^+}\right)^2} \quad i=1, 2, \cdots, c;\ k=1, 2, \cdots, N \quad (4-21)$$

接下来x_k对信息粒Ω_i的隶属度区间可以被标记为：$[u_{ik}^-, u_{ik}^+]$，其中$u_{ik}^- = \min(a_{ik}^1, a_{ik}^2)$，$u_{ik}^- = \max(a_{ik}^1, a_{ik}^2)$。如果$x_k$已经被某个信息粒原型所覆盖，那么我们就用这个信息粒原型来代表x_k，不需要再进行特殊的处理。对于没有被任何信息粒原型所覆盖的数据x_k，可以根据信息粒原型$\Omega_1, \Omega_2, \cdots, \Omega_c$以及$x_k$对于这些粒原型的区间隶属度来进行重建。重建的过程可以利用公式（4-22）以坐标态的方式来描述：

$$X_{kj} = \sum_{\substack{i=1 \\ \oplus}}^{M} [u_{ik}^-, u_{ik}^+] \otimes [\min(v_{ij}^-, v_{ij}^+), \max(v_{ij}^-, v_{ij}^+)] \quad j=1, 2, \cdots, n$$

$$(4-22)$$

符号$\oplus$和$\otimes$分别表示区间算术运算的加法和乘法[11]。我们用$[x_{kj}^-, x_{kj}^+]$来表示

在第 j 个维度上根据区间运算算法所形成的区间，其具体计算公式如下：

$$x_{kj}^- = \sum_{i=1}^{M} u_{ik}^- \min(v_{ij}^-, v_{ij}^+) \quad k=1,2,\cdots,N; j=1,2,\cdots,n \quad (4-23)$$

$$x_{kj}^+ = \sum_{i=1}^{M} u_{ik}^+ \max(v_{ij}^-, v_{ij}^+) \quad k=1,2,\cdots,N; j=1,2,\cdots,n \quad (4-24)$$

最终，我们得到笛卡尔乘积形式的 $\boldsymbol{X}_k$：

$$\boldsymbol{X}_k = [x_{k1}^-, x_{k1}^+] \times [x_{k2}^-, x_{k2}^+] \times \cdots \times [x_{kn}^-, x_{kn}^+] \quad k=1,2,\cdots,N \quad (4-25)$$

所重建的信息粒 $\boldsymbol{X}_k$ 的质量是通过公式（4-16）和公式（4-17）中的覆盖率和具体性来评价的。然后就可以优化每个信息粒原型的半轴长度向量，从而在重建结果的覆盖率和具体性之间达到一个最优或近似最优的平衡点。

4.4　使用 DE 算法对目标函数进行优化

差分进化算法（Differential Evolution，DE）是由 Storn 和 Price 所提出的一种随机的、基于种群的进化策略优化算法[12]。本书所提出的信息粒设计方法与文献[12]所设计的方法不同，在文献[5]中，多维信息粒是通过在每个维度上构造信息粒的笛卡尔乘积来创建的。差分进化算法经常被用来解决实数函数的优化问题。这类函数通常具有形式：$f: Y \subseteq \mathbf{R}^n \to \mathbf{R}$，这里 f 可以是 n 维空间的非线性、非可微或者多峰的目标函数。算法的目标是通过搜索来寻找一个最优的 $\boldsymbol{y}^* \in \boldsymbol{Y}$ 使得 $f(\boldsymbol{y}^*) \geqslant f(\boldsymbol{y})$，$\forall \boldsymbol{y} \in \boldsymbol{Y}$，这里的 $\boldsymbol{Y}$ 表示非空的可行性区域。差分优化算法只有很少的几个参数需要调整，并且具有良好的收敛性，所以在各个领域都取得了广泛的应用。与其他基于种群的优化算法一样，差分进化算法也是从某一随机产生的初始种群开始。假设我们需要优化具有 n 个参数的函数，种群的大小设定为 N，那么种群的候选解可以表示为：$\boldsymbol{y}_{i,g} = [y_{1,i,g}, y_{2,i,g}, \cdots, y_{n,i,g}]$，$i=1,2,\cdots,N$，这里的 g 代表迭代次数。种群的每个候选解都是通过在每个参数的上下界之间随机选择一个初始值而生成的。然后随着迭代的发生，整个种群在目标函数的指引下搜索整个可行解空间直到达到预设的终止条件，以期发现使目标函数的值达到最优的点。在进化的过程中，每一个候选解都会经历变异、交叉和选择等操作。对于一个目标候选解 $\boldsymbol{y}_{i,g}$，变异向量是通过以下方式产生的：

$$\boldsymbol{v}_{i,g+1} = \boldsymbol{y}_{r1,g} + F \times (\boldsymbol{y}_{r2,g} - \boldsymbol{y}_{r3,g}) \quad (4-26)$$

这里的 $\boldsymbol{y}_{r1,g}$、$\boldsymbol{y}_{r2,g}$ 和 $\boldsymbol{y}_{r3,g}$ 是随机选择的向量，$r1 \neq r2 \neq r3 \in \{1,2,3,\cdots,N\}$，

并且 $F \in [0, 2]$，F 是一个控制变化向量（$\boldsymbol{y}_{r2, g} - \boldsymbol{y}_{r3, g}$）放大倍率的变异算子。DE 算法通过一种组合策略将目标向量 $\boldsymbol{y}_{i, g}$ 和 $\boldsymbol{v}_{i, g+1}$ 组合成新的候选向量 $\boldsymbol{u}_{i, g+1}$，公式如下：

$$\boldsymbol{u}_{j, i, g+1} = \begin{cases} \boldsymbol{v}_{j, i, g+1} & \text{if } U[0, 1] \leqslant \text{CR or } j = I_{\text{rand}} \\ \boldsymbol{y}_{j, i, g} & \text{if } U[0, 1] > \text{CR and } j \neq I_{\text{rand}} \end{cases} \quad (4-27)$$

这里的 I_{rand} 是随机从 $\{1, 2, \cdots, n\}$ 中选择的索引，CR 表示预先设定的交叉概率。接下来我们将候选向量 $\boldsymbol{u}_{i, g+1}$ 与目标向量 $\boldsymbol{y}_{i, g}$ 进行比较，并且保留使目标函数的值更大的那个向量到下一代。

对于指导构造椭圆体信息粒的目标函数和差分进化算法的进化机制前面已经进行了介绍，下面看一下这个问题的搜索空间。需要创建的信息粒的数目是预先设定好的数值 c，每个信息粒都有一个长度为 n 的半轴长度向量需要优化，所以本节中的搜索空间的维度为 $c \times n$。

4.5　实　　验

在本节中，我们将展示利用二维合成数据集以及来自机器学习数据库（http://archive.ics.uci.edu/ml）[13] 中的数据集进行实验的结果。在这些实验中，当需要运行模糊聚类算法的时候，模糊参数 m 的值都设定为 2.0（相关文献中最经常使用的值），最大迭代次数设定为 100。因为根据我们的观察，对于本节中用到的数据集来说，100 代就能够确保 FCM 算法收敛。

4.5.1　二维合成数据集

在这个二维数据集中，有 5 组随机生成的满足正态分布 $N(\boldsymbol{m}, \boldsymbol{\Sigma})$ 的数据，其特征分别为：$\boldsymbol{m}_1 = [-3 \quad -1]^{\text{T}}$，$\boldsymbol{\Sigma}_1 = [0.9 \quad 1.5; 1.5 \quad 3.0]$；$\boldsymbol{m}_2 = [2 \quad -2]^{\text{T}}$，$\boldsymbol{\Sigma}_2 = [0.6 \quad -0.8; -0.8 \quad 2.8]$；$\boldsymbol{m}_3 = [7 \quad -2]^{\text{T}}$，$\boldsymbol{\Sigma}_3 = [2.4 \quad 0; 0 \quad 0.5]$；$\boldsymbol{m}_4 = [6 \quad 5]^{\text{T}}$，$\boldsymbol{\Sigma}_4 = [2.9 \quad -1.2; -1.2 \quad 1.5]$；$\boldsymbol{m}_5 = [-2 \quad 5]^{\text{T}}$，$\boldsymbol{\Sigma}_5 = [1.8 \quad 1.2; 1.2 \quad 2.1]$，这里的 $\boldsymbol{m}_i$，$i = 1, 2, 3, 4, 5$，代表平均值向量，$\boldsymbol{\Sigma}_i$ 表示相应的协方差矩阵。每组数据都由 100 个数据点组成。

当利用合理粒度准则构建信息粒的时候，我们采用了两种聚类算法：FCM 算法以及其扩展版本——GK 算法。当聚类算法运行结束后，会返回一组数值原型；以这些原型为中心，沿着每个坐标轴的方向建立不同长度的半轴，来形成椭圆形信息粒；最后通过优化这些半轴的长度，使得目标函数值达到最优。优化的同时需要满足信息粒互不重叠这个约束，以此保证每个信息粒都具有明确的语义。目标函数 $V(\Omega_1, \Omega_2, \cdots, \Omega_c)$ 的最优值会被记录下来。对于从 2 到 10 之间每个 c 的不同取值，整个实验过程会重复 10 次，表 4.1 显示了目标函数 $V(\Omega_1, \Omega_2, \cdots, \Omega_c)$ 的平均值和相应的标准方差。当评价这些椭圆体信息粒的粒度重建能力的时候，我们也考虑了两种不同的重建策略：数值型隶属度法和粒度（区间）隶属度法。这两种策略均使用由 FCM 算法产生的数值聚类中心作为原型来构建信息粒。实验策略和之前一样：对于 2 和 10 之间不同的 c 的取值，整个实验过程重复 10 次。每次实验我们都记录目标函数 $Q(\Omega_1, \Omega_2, \cdots, \Omega_c)$ 的最优值。目标函数 $Q(\Omega_1, \Omega_2, \cdots, \Omega_c)$ 的平均值和相应的标准方差也在表 4.1 中进行了展示。随着原型的数目的增长，目标函数 $V(\Omega_1, \Omega_2, \cdots, \Omega_c)$ 的最优值也随之增长，并且在 $c=5$ 的时候达到最大。在此之后，随着 c 的值继续增长，$V(\Omega_1, \Omega_2, \cdots, \Omega_c)$ 的值迅速下降。

表 4.1　合成数据集的目标函数 $V(\Omega_1, \Omega_2, \cdots, \Omega_c)$，$Q(\Omega_1, \Omega_2, \cdots, \Omega_c)$ 的平均值和相应的标准方差

原型数量	$V(\Omega_1, \Omega_2, \cdots, \Omega_c)$		$Q(\Omega_1, \Omega_2, \cdots, \Omega_c)$	
	FCM	GK	数值隶属度	粒度隶属度
2	209.00±0.07	232.13±2.74	0.45±0.03	0.48±0.01
3	263.07±0.79	279.99±0.16	0.53±0.02	0.58±0.01
4	291.45±0.24	313.70±1.39	0.58±0.01	0.66±0.01
5	327.94±0.71	347.40±1.42	0.64±0.01	0.69±0.01
6	331.02±1.60	342.75±3.49	0.63±0.01	0.71±0.00
7	326.77±0.20	339.48±0.74	0.62±0.03	0.72±0.00
8	319.65±0.31	329.29±3.57	0.61±0.01	0.72±0.00
9	323.59±2.08	317.37±2.94	0.56±0.02	0.73±0.00
10	317.94±0.95	309.83±7.62	0.54±0.02	0.74±0.01

当 $c=5$、6 和 7 的时候，以 FCM 算法生成的数值原型为中心构造的椭圆体信息粒如图 4.2 所示。

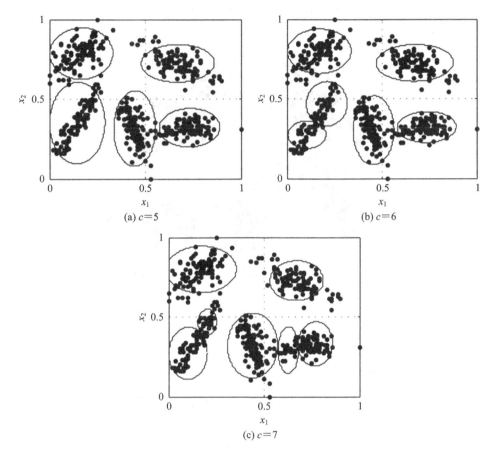

(a) $c=5$　　　　　　　　(b) $c=6$

(c) $c=7$

图 4.2　以 FCM 算法生成的数值原型为中心构造的椭圆体信息粒

从图 4.2 中可以很清晰地看到，根据合理粒度准则创建的信息粒能够帮助我们揭示数据的结构和拓扑特征。当 $c=5$ 时，基于 GK 算法产生的数值原型所构造的椭圆体信息粒如图 4.3 所示。GK 算法在发现数据的超椭体边界方面效果更佳。利用 GK 算法生成的正定对称矩阵的辅助，我们所构造的信息粒与半轴平行于坐标轴的信息粒相比，具有更高的目标函数值。使用数值隶属函数的时候，随着 c 从 2 增长到 5，目标函数 $Q(\Omega_1, \Omega_2, \cdots, \Omega_c)$ 的值也迅速增高；然后随着 c 的继续增大，$Q(\Omega_1, \Omega_2, \cdots, \Omega_c)$ 的值迅速降低，这是由于所构建信息粒的具体性的降低所导致的。使用区间隶属度值的时候，这些信息粒的重建能力更好一些。随着 c 值的增长，目标函数 $Q(\Omega_1, \Omega_2, \cdots, \Omega_c)$ 的值稳步提高。通过 DE 算法来进行优化的目标函数 V 的值随着迭代次数增加而变化的过程如图 4.4 所示。在本节中，当运行 DE 算法的时候，种群的大小设定为搜索空间维度大小的 5 倍，比例因子设定为 0.5，交叉概率因子设定为 0.9，最大的迭代次数设定为 50。

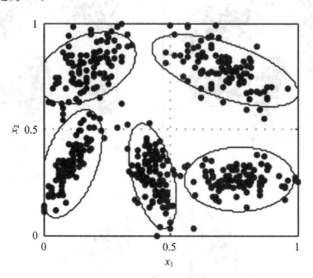

图 4.3 当 $c=5$ 时，基于 GK 算法产生的数值原型所构造的椭圆体信息粒

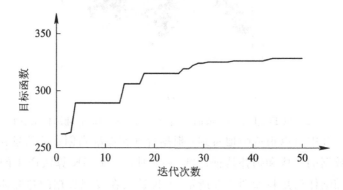

图 4.4 当 $c=5$ 时，随着 DE 迭代次数的增长目标函数 $V(\Omega_1, \Omega_2, \cdots, \Omega_c)$ 的变化

4.5.2 Seeds 数据集

Seeds 数据集来自 UCI 机器学习数据库[13]，它包含 210 组 7 维数据。这些数据用来描述三种小麦种子的不同特性。在表 4.2 中列出了构建合理粒度信息粒的目标函数 $V(\Omega_1, \Omega_2, \cdots, \Omega_c)$ 以及用于描述重建能力的目标函数 $Q(\Omega_1, \Omega_2, \cdots, \Omega_c)$ 的平均值和标准方差。当围绕 FCM 产生的聚类中心来构造信息粒的时候，目标函数在 $c=4$ 时达到最大值。这时候，一个信息粒包含大部

分属于类型 1 的数据，第二个信息粒包含大部分属于类型 2 的数据，而属于类型 3 的数据则被包含在另外两个信息粒中。与数值型隶属度相比，区间隶属度表现出了更好的重建能力。对于这两种不同的重建策略，目标函数 $Q(\Omega_1, \Omega_2, \cdots, \Omega_c)$ 都在 $c=4$ 的时候达到最大值，然后随着 c 值的继续增长，重建后信息粒的具体性迅速降低，目标函数的值也持续变小。

表 4.2　Seeds 数据集的目标函数 $V(\Omega_1, \Omega_2, \cdots, \Omega_c)$、$Q(\Omega_1, \Omega_2, \cdots, \Omega_c)$ 的平均值和相应的标准方差

原型数量	$V(\Omega_1, \Omega_2, \cdots, \Omega_c)$		$Q(\Omega_1, \Omega_2, \cdots, \Omega_c)$	
	FCM	GK	数值隶属度	粒度隶属度
2	69.11±0.52	110.96±1.06	0.35±0.01	0.38±0.01
3	80.71±1.05	95.71±0.27	0.37±0.01	0.46±0.01
4	86.19±1.45	89.21±4.66	0.38±0.01	0.48±0.00
5	83.44±2.01	95.43±3.15	0.33±0.02	0.45±0.01
6	73.69±3.10	84.72±5.91	0.30±0.02	0.43±0.01
7	77.04±3.13	91.59±1.55	0.27±0.02	0.42±0.02
8	75.89±2.09	89.67±2.15	0.26±0.01	0.41±0.01
9	72.52±2.11	82.53±0.72	0.25±0.01	0.42±0.00
10	70.75±1.87	86.27±1.61	0.23±0.01	0.42±0.01

4.5.3　ILPD 数据集

ILPD(Indian Liver Patient Dataset)数据集同样来自 UCI 机器学习数据库[13]。在这个数据集中有 583 组 10 维数据，它们分别属于两个不同的类别（1，患者；2，非患者）。表 4.3 列出了目标函数 $V(\Omega_1, \Omega_2, \cdots, \Omega_c)$ 和 $Q(\Omega_1, \Omega_2, \cdots, \Omega_c)$ 的平均值以及相应的标准方差。当使用 FCM 算法产生聚类中心的时候，目标函数 $V(\Omega_1, \Omega_2, \cdots, \Omega_c)$ 的值在 $c=2$ 的时候达到最大。但是当使用 GK 算法产生的聚类中心构造信息粒时，$V(\Omega_1, \Omega_2, \cdots, \Omega_c)$ 的值在 $c=3$ 的时候最大。区间隶属度方法比数值隶属度方法表现出了更优的重建能力。当 $c=2$ 的时候，$Q(\Omega_1, \Omega_2, \cdots, \Omega_c)$ 的值达到最大，然后随着 c 值的增加，目标函数

$Q(\Omega_1,\Omega_2,\cdots,\Omega_c)$ 的值持续减小。这主要是因为覆盖率的增加并不能有效补偿具体性降低对于目标函数的影响。

表 4.3　ILPD 数据集的目标函数 $V(\Omega_1,\Omega_2,\cdots,\Omega_c)$、$Q(\Omega_1,\Omega_2,\cdots,\Omega_c)$ 的平均值和相应的标准方差

原型数量	$V(\Omega_1,\Omega_2,\cdots,\Omega_c)$		$Q(\Omega_1,\Omega_2,\cdots,\Omega_c)$	
	FCM	GK	数值隶属度	粒度隶属度
2	319.53±1.00	339.71±1.00	0.49±0.01	0.56±0.01
3	304.70±1.45	401.88±3.43	0.46±0.01	0.55±0.01
4	298.00±1.59	399.85±1.32	0.45±0.01	0.55±0.00
5	289.92±1.31	386.62±3.84	0.44±0.01	0.54±0.00
6	293.00±2.13	358.20±15.86	0.42±0.01	0.53±0.00
7	256.74±0.28	338.52±9.58	0.41±0.01	0.52±0.00
8	278.18±18.80	327.88±2.46	0.40±0.01	0.53±0.01
9	272.00±10.10	315.31±8.08	0.38±0.01	0.52±0.00
10	243.16±18.69	297.38±6.56	0.36±0.01	0.51±0.00

4.5.4　Wilt 数据集

Wilt 数据集包含 4889 组 6 维数据，这个数据集来自 Johnson 等利用 Quickbird 图像来遥感侦测患病树木的研究[13]。表 4.4 展示了目标函数 $V(\Omega_1,\Omega_2,\cdots,\Omega_c)$ 和 $Q(\Omega_1,\Omega_2,\cdots,\Omega_c)$ 的平均值和相应的标准方差。以 FCM 算法产生的聚类中心为原点构造信息粒时目标函数在 $c=3$ 的时候达到最大值，而以 GK 算法产生的聚类中心为原点的椭圆体信息粒的目标函数值在 $c=2$ 的时候达到最大。目标函数 $Q(\Omega_1,\Omega_2,\cdots,\Omega_c)$ 的表现与之前两个数据集类似。随着 c 值的增大，目标函数 $Q(\Omega_1,\Omega_2,\cdots,\Omega_c)$ 的值也随之增大，然后在某处到达一个最大值。随着 c 值的继续增大，$Q(\Omega_1,\Omega_2,\cdots,\Omega_c)$ 的值会随之降低，因为比较大的 c 值会引起重建的信息粒的具体性降低。虽然这时候覆盖率会继续上升，但是覆盖率的上升不能有效补偿具体性降低对目标函数的影响。区间隶属度方法的性能比数值隶属度方法的性能更好。在本实验中，当 c 从 2 增

长到 10 的时候,区间隶属度方法与数值隶属度方法相比,性能的提升在
13%~65%之间。

表 4.4 WITL 数据集的目标函数 $V(\Omega_1,\Omega_2,\cdots,\Omega_c)$、$Q(\Omega_1,\Omega_2,\cdots,\Omega_c)$ 的平均值和相应的标准方差

原型数量	$V(\Omega_1,\Omega_2,\cdots,\Omega_c)$		$Q(\Omega_1,\Omega_2,\cdots,\Omega_c)$	
	FCM	GK	数值隶属度	粒度隶属度
2	2,447.37±11.61	2,929.26±15.18	0.56±0.01	0.66±0.02
3	2,575.52±2.17	2,519.57±40.95	0.58±0.01	0.71±0.01
4	2,438.15±9.80	2,242.73±93.39	0.54±0.01	0.69±0.00
5	2,211.51±30.86	2,117.06±38.04	0.50±0.01	0.68±0.00
6	2,190.39±26.30	2,211.52±47.51	0.47±0.01	0.68±0.01
7	2,130.38±44.51	1,942.13±20.65	0.45±0.01	0.67±0.00
8	2,169.35±1.30	1,876.88±34.72	0.43±0.01	0.65±0.01
9	1,607.89±13.99	1,799.85±48.29	0.40±0.01	0.64±0.00
10	1,546.72±21.16	1,647.25±72.38	0.38±0.01	0.63±0.00

4.6 结 论

本章主要讨论利用合理粒度准则来构造信息粒。通过合理粒度准则,
我们使所构造的信息粒能够在合理性和具体性(可解释性)之间达到一个
合理的平衡点。构造的信息粒能很好地揭示原有数据集的内在拓扑结构。
此外,本章也研究了椭圆体信息粒的重建能力。对于重建后的信息粒的质
量,是通过其覆盖率和具体性的乘积这个目标函数来衡量的。在这个目标
函数的指引下,我们可以优化信息粒原型的半轴长度,使重建的信息粒的
质量达到最优。通过这种方式构建的信息粒可以作为粒度系统建模研究的
一个起点。

参 考 文 献

[1] PEDRYCZ W, BARGIELA A. An optimization of allocation of information granularity in the interpretation of data structures: toward granular fuzzy clustering[J]. IEEE Transactions on Systems, Man, and Cybernetics, Part B : Cybernetics, 2012, 42(3): 582 – 590.

[2] GERSHO A, GRAY R M. Vector quantization and signal compression [M]. Kluwer Academic Publishers, Boston, 1992.

[3] PEDRYCZ W, OLIVEIRA J V D. A development of fuzzy encoding and decoding through fuzzy clustering[J]. IEEE Transactions on Instrumentation and Measurement, 2008, 57(4): 829 – 837.

[4] PEDRYCZ W. Why triangular membership functions? [J]. Fuzzy Sets and Systems, 1994, 64(1): 21 – 30.

[5] PEDRYCZ W, HOMENDA W. Building the fundamentals of granular computing: A principle of justifiable granularity[J]. Applied Soft Computing, 2013, 13(10): 4209 – 4218.

[6] KONG Q, ZHU Q. Incremental procedures for partitioning highly intermixed multi-class datasets into hyper-spherical and hyper-ellipsoidal clusters[J]. Data and Knowledge Engineering, 2007, 63(2): 457 – 477.

[7] ZHU Q, CAI Y, LIU L. A global learning algorithm for a RBF network [J]. Neural Networks the Official Journal of the International Neural Network Society, 1999, 12(3): 527 – 540.

[8] REHMAN Z U, LI T, YANG Y, et al. Hyper-ellipsoidal clustering technique for evolving data stream [J]. Knowledge-Based Systems, 2014, 70: 3 – 14.

[9] GUSTAFSON D E, KESSEL W C. Fuzzy clustering with a fuzzy covariance matrix[C]. IEEE Conference on Decision and Control Including the Symposium on Adaptive Processes, 1978: 761 – 766.

[10] PEDRYCZ W, OLIVEIRA J V D. A development of fuzzy encoding and decoding through fuzzy clustering[J]. IEEE Transactions on Instrumentation and Measurement, 2008, 57(4): 829 – 837.

[11]　ICHINO M，YAGUCHI H. Generalized minkowski metrics for mixed feature-type data analysis[J]. IEEE Transactions on Systems，Man，and Cybernetics，1994，24(4)：698－708.

[12]　STORN R，PRICE K. Differential evolution-A simple and efficient heuristic for global optimization over continuous spaces[J]. Journal of Global Optimization，1997，11(4)：341－359.

[13]　LICHMAN M. http://archive. ics. uci. edu/ml[OL/DB]. UCI Machine Learning Repository，University of California，Irvine，School of Information and Computer Sciences，2013.

第 5 章　粒度数据描述：ε-信息粒簇的设计

5.1　问题的定义

在粒计算中，模糊聚类算法已经成为构造信息粒的一种最常用的算法框架。通用的模糊聚类算法，如 Fuzzy C-Means(FCM)，在很多领域中都被广泛使用，但是模糊聚类的结果，即隶属度矩阵和原型，都是数值型的，不能很好地反映数据的本质特点。在粒计算框架下，可以构造各种形式的信息粒。在本章中，我们提出了一种构造超立方体信息粒的方法，即在数据集 X 的基础上，创建 c 个信息粒 G_1，G_2，$\cdots$，G_c。一组超立方体信息粒就组成了一个 ε 信息粒簇。这里我们考虑由 N 个 n 维实数向量组成的数据集 X，$X=\{x_1, x_2, \cdots, x_N\}$。信息粒可以用集合(区间)、模糊集、粗糙集或者阴影集来表示(只列出了几种常用的选择)。当 G_i 是模糊集的时候，所创建的信息粒簇 $G=\{G_1, G_2, \cdots, G_c\}$ 就构成了一个由 n 维空间到 c 维空间超立方体的映射 $G: \mathbf{R}^n \rightarrow [0, 1]^c$。这个映射也就是信息粒化[1]：我们可以用信息粒来表示任意一个数值型数据 x。我们还可以将信息粒形式的数据重新转换成数值类型，这个过程就称为解粒化[1]。解粒化过程可以用以下形式来表示 $G^{-1}: [0, 1]^c \rightarrow \mathbf{R}^n$。

在文献中，当处理模糊集的时候，G 和 G^{-1} 这两个操作通常也被称为模糊化和解模糊化。通过将这两个问题转换成由特定目标函数指引的聚类优化问题，利用模糊集对数值型数据进行模糊化和解模糊化的问题已经在文献[2]中进行了深入的研究，其中所利用的目标函数就是重建误差。重建误差是在利用模糊集和 FCM 算法产生的原型表示数值型数据，并且随后对数值型数据进行重建的过程中产生的。简单来说，我们通过计算 x 的原始值与对 x 进行解粒化的结果 $\hat{x}$ 之间的误差来对重建质量进行衡量。本章中我们使用的是欧几里得距离。在理想的情况下，我们希望 $G^{-1}(G(x))=x$，也就是说利用所创建的信息粒能够零误差地重建原始数据。

　　为了使数值原型能够更好地体现实验数据的本质特征并且为随后的处理提供更多信息，我们引入了粒原型的概念。粒原型能够更好更全面地刻画数据的结构特征。这些粒原型也可以作为创建粒度系统，如粒度分类器、粒度回归模型的基础。创建并使用粒度数据有以下几个方面的优点：首先，粒度数据能够更精确地描述原始数值数据。因为构造的信息粒的数目有限，每一个信息粒都具有良好的可解释性。这一点在数据分析领域很有意义，因为我们需要将分析结果以一种友好的方式传达给用户。第二点是在时间需求方面，因为粒度数据的数目远小于数值数据的总数，所以构建粒分类模型或者粒预测模型的时间复杂度也会大大降低。这使得我们可以在用户可接受的时间段内迅速地学习并训练好一个模型。

　　下面用一个例子说明粒原型的优势。如图 5.1 所示，图中有两个具有不同离散度的数据集。当对两个数据集分别运行模糊聚类算法之后，生成的聚类中心(用圆圈表示)很相似。很显然，这些聚类中心能够在一定程度上反映数据集的特点，但是并不全面。相比较而言，粒原型(用方框表示)则在一个更高的抽象层次上描述原始数据。在这个例子中，粒原型以一种显性的方式描述了原始数据的不同离散程度。

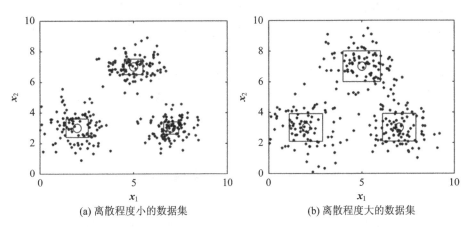

(a) 离散程度小的数据集　　　　　　　　(b) 离散程度大的数据集

图 5.1　不同离散程度的原始数据所对应的数值原型(用圆圈表示)和粒原型(用方块表示)

　　粒原型是在 FCM 产生的数值原型的基础上建立的。通过对数值原型分配一个合理的信息粒度[3]，将数值原型提高到一个更抽象的层次，从而形成了粒原型。信息粒度的最优化分配是在特定的覆盖准则指导下进行的。所建立的粒原型 V_1，V_2，$\cdots$，V_c 是位于空间 $\mathbf{R}^n$ 的一组信息粒。利用这些粒原型，可以对数据集中的原始数据进行粒化和解粒化操作。在这个过程中由于误差的存在，解粒化的结果会以信息粒的形式呈现给用户，即 $X_k = G^{-1} G(x_k, V_1, V_2, \cdots, V_c, U)$。

通过统计满足覆盖准则 $x_k \subset X_k$ 的实验数据的数目，就能量化评价粒化/解粒化机制的性能和质量。

可以将这个问题定义如下：假设有一个 n 维数据的集合 $X = \{x_1, x_2, \cdots, x_N\}$（这里的 N 一般是很大的数字），如何高效且快速地构造 c 个信息粒来表示这个数据集？当处理较大的数据集的时候，聚类算法所需要的大量计算往往成为一个严重的瓶颈。我们用 t 代表在算法达到某个终止条件之前的迭代次数。K-means算法的复杂度与聚类的数目成正比，每一次迭代需要 $O(Nnc)$ 次运算[3-4]，其中 N 代表 n 维数据的数目，c 代表聚类的个数。对于 FCM 算法来说，每一次迭代的时间复杂度为 $O(Nnc^2)$[4-5]。很显然当 N 的值很大的时候，随着聚类数目的增加，算法的计算复杂度会迅速增加。层次聚类是另一种常用的聚类算法，但是对于层次聚类来说，时间复杂度为 $O(N^2)$[6-7]，这使得层次聚类在处理大规模数据集的时候效率很低下。

本章的目标是研究如何在较低计算开销的前提下建立数据的粒描述符，与此同时保留粒描述符的明确的语义。因为重建的过程是在粒计算框架下进行的，解粒化结果（信息粒）的质量是通过覆盖率和具体性标准来评价的，这两个准则可以帮助我们量化所构造的信息粒的质量和性能。据我们所知，目前在数据分析领域还没有学者对解粒化机制进行深入的研究，所以这个研究方向也是具有开拓性意义的。从这个意义上，本章的研究开拓了一个新的研究方向，同时也强调了信息粒化的本质。本章提出的粒描述符还有另外的优势：与传统的数值型描述符相比，粒描述符能更形象地刻画原始数据的结构特点，并且通过增强数值描述符来建立粒描述符所需要的计算量很小。

5.2　FCM 算法及其优化版本

这一节中，我们先简要回顾一下如何使用模糊聚类来描述数据。在此使用的是模糊聚类中最常用的 FCM 算法。我们主要回顾一下该算法对数据的描述能力并且讨论重建误差的量化方法。

5.2.1　Fuzzy C-Means 底层算法和表示机制

FCM 算法是基于目标函数的模糊聚类算法，它通过优化隶属度矩阵 $U = [u_{ij}]$，$u_{ij} \in [0, 1]$，$i = 1, 2, \cdots, N$；$j = 1, 2, \cdots, c$，以及数值原型 v_j 使得成

员数据到聚类中心的加权距离之和最小化。这里 N 代表 n 维实验数据的数目，c 代表聚类的数目。FCM 算法以优化下面的适应度函数的值为目标：

$$J_m = \sum_{i=1}^{N} \sum_{j=1}^{c} u_{ij}^m \parallel \boldsymbol{x}_i - \boldsymbol{v}_j \parallel^2 \tag{5-1}$$

隶属度矩阵和数值原型的计算公式如下：

$$u_{ij} = \cfrac{1}{\displaystyle\sum_{k=1}^{c} \left(\cfrac{\parallel \boldsymbol{x}_i - \boldsymbol{v}_j \parallel}{\parallel \boldsymbol{x}_i - \boldsymbol{v}_k \parallel} \right)^{\frac{2}{m-1}}} \quad i=1, 2, \cdots, N;\ j=1, 2, \cdots, c \tag{5-2}$$

$$\boldsymbol{v}_j = \cfrac{\displaystyle\sum_{i=1}^{N} u_{ij}^m \boldsymbol{x}_i}{\displaystyle\sum_{i=1}^{N} u_{ij}^m} \quad j=1, 2, \cdots, c \tag{5-3}$$

以上各式中的 m 是用来控制 FCM 算法所产生的隶属度函数的模糊系数；m 的值通常设定为 2.0。$\parallel \cdot \parallel$ 表示通过公式 $\parallel \boldsymbol{x}_i - \boldsymbol{v}_j \parallel^2 = \sum_{k=1}^{n} (x_{ik} - v_{jk})^2 / \sigma_k^2$ 计算出的加权欧氏距离，σ_k 表示第 k 个变量的标准方差。

当满足终止条件 $\max\limits_{i,\ j} \{ |u_{ij}^{l+1} - u_{ij}^l| \} < \eta$ 以后，FCM 算法就会停止迭代然后输出结果。这里的 η 代表一个预设的阈值，l 表示聚类算法的迭代次数。我们也可以设定当迭代次数达到某一最大值的时候算法停止运行。

5.2.2　Fuzzy C-Means 的改进版本

FCM 算法能很有效地将数据划分到不同的聚类中并且确定数据对不同聚类的隶属度值，但是由于它的算法复杂度是聚类数目 c 的二次方，其所需要的计算量也很大。在文献[8]中，Kolen 提出了一种 FCM 算法的优化版本。与传统的 FCM 算法相比，它所需要的运行时间减小为原来的 $\dfrac{1}{c}$，我们称这种算法为 eiFCM(efficient implementation of Fuzzy C-Means)。eiFCM 每次迭代的时间复杂度为 $O(Nnc)$，与聚类数目 c 的值线性相关。通过使隶属度矩阵 $\boldsymbol{U}$ 和原型矩阵的更新在一个单独的循环中完成，eiFCM 不需要在计算过程中存储隶属度矩阵。通过缓存求和和移除冗余的数据结构，传统 FCM 算法时间复杂度中的二次项就可以被移除。同样，这种机制也避免了在内存中维护和更新较大矩阵的开销，在很大程度减小了算法所花费的时间。为了更直观地介绍改进的算法，下面给出了用于更新原型矩阵的子程序 Update_V($\boldsymbol{V}, c, \boldsymbol{X}, n, N, m$) 的伪码。

Algorithm of eiFCM：Update_V(V, c, X, n, N, m)

```
begin
J=0
rowsumU=0
V=0
for k=1 to N
begin
        denomsum=0
        for i=1 to c
        begin
                distance_ki[i]=‖ x[k]−V[i] ‖²
                pernumer[i]=power(distance_ki [i], 1/(m−1))
                denomsum+=power(pernumer[i], −1)
        end
        for i=1 to c
        begin
                u=power(pernumer[i] ∗ denomsum, −m)
                J=J+distance_ki[i] ∗ u
                V[i]=V[i]+u ∗ X[k]
                rowsumU[i]=rowsumU[i]+u
        end
end
for i=1 to c
begin
        V[i]=V[i]/rowsumU[i]
end
```

5.2.3　重建误差评判准则

重建误差准则是用来量化用聚类原型来表示原始数据的能力的性能指标。如文献[2]中所介绍，这个准则是通过如下形式的距离之和来衡量的：

$$R= \sum_{k=1}^{N} \| x_k - \hat{x}_k \|^2 \tag{5-4}$$

这里的 ‖·‖代表欧氏距离，原始数据 x_k 是通过以下方式进行重建的(利用数值原型和对不同原型的隶属度值(u_{k1}, u_{k2}, $\cdots$, u_{kc}))：

$$\hat{\boldsymbol{x}}_k = \frac{\sum\limits_{i=1}^{c} u_{ki}^m \boldsymbol{v}_i}{\sum\limits_{i=1}^{c} u_{ki}^m} \quad k=1,2,\cdots,N \qquad (5-5)$$

重建误差 R 的值受 FCM 算法的两个参数的影响：聚类数目 c 和模糊系数 m。对于 c 来讲，$R(c)$ 是一个单调递减的函数；c 的值越大，代表原始数据值的聚类中心数目越多，因而重建误差也就越小[2]。模糊系数 m 对于重建质量也有着显著的影响。通常最优的模糊系数值比我们经常使用的 2.0 要小。

5.3　信息粒的构造过程

在本节中，我们将介绍如何以一组数值原型为基础来创建信息粒。有两个参数被用来指导和影响整个创建过程，即信息粒的数目 $c(c \ll N)$ 和信息粒度的大小 ε。

5.3.1　产生数值原型

我们通过在数据集 $\boldsymbol{X}$ 上运行 FCM 算法，生成数据集 $\boldsymbol{X}$ 的 c 个聚类中心；将这些聚类中心称为原型，并且标记为 $\boldsymbol{v}_1,\boldsymbol{v}_2,\cdots,\boldsymbol{v}_c$。这些数值原型会被当成"锚"点，围绕这些"锚"点形成一组粒描述符，即一组超立方体形状的信息粒，并标记为 $\boldsymbol{V}_1,\boldsymbol{V}_2,\cdots,\boldsymbol{V}_c$。

5.3.2　形成 ε-信息粒簇

围绕每一个数值原型创建一个超立方体。这个超立方体的第 j 个边（变量）的长度设定为 $[v_{ij}-\varepsilon/2\times\text{range}_j,\ v_{ij}+\varepsilon/2\times\text{range}_j]$，$i=1,2,\cdots,c$，$j=1,2,\cdots,n$，其中 range_j 的值表示第 j 个变量的值域范围。如图 5.2 所示，range_j 的值是利用所有数据在第 j 维度上的最大值减去最小值来计算的。接下来对于每一个 ε 信息粒，遍历它所覆盖的数据并确定其中距离中心点最远的数据点。然后压缩这个超立方体的边界，使得它的每一条边都与该维度上距离中心最远的点重合。通过这种方式，就能使构造的信息粒尽可能紧凑，与此同时也保证它能覆盖所有的在每一维度上都落在 $[v_{ij}-\varepsilon/2\times\text{range}_j,\ v_{ij}+\varepsilon/2\times\text{range}_j]$ 范围内的数据。

我们使用一组合成的二维数据，如图 5.2 所示（粒描述符用粗线表示，细线表示原始的利用 ε 参数构造的超立方体），作一个示例。围绕每一数值原型，我们都构造一个超立方体，然后压缩这个超立方体的边界使其覆盖 ε 区域内的所有数据并且与最近的点重合。很显然这样形成的信息粒更具体（它的边比之前预设的值更短），因此具有更好的可解释性。

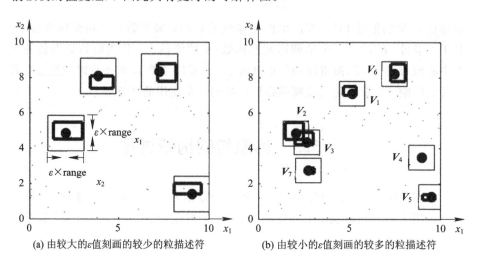

(a) 由较大的 ε 值刻画的较少的粒描述符　　　(b) 由较小的 ε 值刻画的较多的粒描述符

图 5.2　围绕数值原型形成的粒描述符

5.3.3　数据的粒度重建

因为我们面对的数据 V_i 是信息粒，所以对数值数据 x_k 到 V_i 的距离的计算需要一些特殊处理。为了契合粒描述符的粒度特征，相应的距离也会呈现非数值的形式。具体计算方法如下：首先将超立方体 V_i 映射到每一个维度的坐标轴上，如图 5.3 所示。映射后的区间的边界分别标记为 v_{ij}^- 和 v_{ij}^+，v_{ij}^- 和 v_{ij}^+ 在这里分别表示映射到第 j 个维度上后的区间距离 x_k 最近和最远的点，亦如图 5.3 所示。这样就可以确定 x_{kj} 和映射后的区间 $[\min(v_{ij}^-, v_{ij}^+), \max(v_{ij}^-, v_{ij}^+)]$ 之间距离的上下边界，也就是 $|x_{kj} - v_{ij}^-|$ 和 $|x_{kj} - v_{ij}^+|$。如果 x_{kj} 被包含在区间之内的话，我们就认为距离为零。接下来就可以以下列方式来计算 x_k 对粒描述符的隶属度：

$$a_{ik}^1 = \frac{1}{\sum_{j=1}^{M} \left(\frac{\| \boldsymbol{v}_i^- - \boldsymbol{x}_k \|}{\| \boldsymbol{v}_j^- - \boldsymbol{x}_k \|} \right)^2} \qquad i = 1, 2, \cdots, c; \ k = 1, 2, \cdots, N \qquad (5-6)$$

$$a_{ik}^2 = \frac{1}{\sum_{j=1}^{M} \left(\frac{\| \boldsymbol{v}_i^+ - \boldsymbol{x}_k \|}{\| \boldsymbol{v}_j^+ - \boldsymbol{x}_k \|} \right)^2} \qquad i = 1, 2, \cdots, c; \ k = 1, 2, \cdots, N \qquad (5-7)$$

这里 $\|\boldsymbol{v}_i^- - \boldsymbol{x}_k\|^2 = \sum_{j=1}^{n} (v_{ij}^- - x_{kj})^2 / \sigma_j^2$，$\|\boldsymbol{v}_i^+ - \boldsymbol{x}_k\|^2 = \sum_{j=1}^{n} (v_{ij}^+ - x_{kj})^2 / \sigma_j^2$ 并且 σ_j 表示第 j 维变量的标准方差。对于没有被任何 ε 信息粒簇的超立方体所包括的数据，我们都要计算相应的隶属度值。

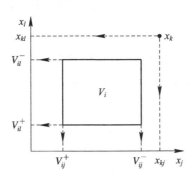

图 5.3　通过最远和最近的点来计算 $\boldsymbol{x}_k$ 和粒描述符 $\boldsymbol{V}_i$ 之间的距离

通过使区间 $[u_{ik}^-, u_{ik}^+] = [\min(a_{ik}^1, a_{ik}^2), \max(a_{ik}^1, a_{ik}^2)]$，我们就确定了 $\boldsymbol{x}_k$ 对于 $\boldsymbol{V}_i$ 的区间隶属度值。当 $\boldsymbol{x}_k$ 被某一超立方体信息粒 $\boldsymbol{V}_i$ 包含的时候，我们将 $\boldsymbol{x}_k$ 对于 $\boldsymbol{V}_i$ 的隶属度区间设定为 $[1, 1]$，此时 $\boldsymbol{x}_k$ 对于其他的粒描述符的隶属度值设定为 $[0, 0]$。当我们构造好粒描述符 $\boldsymbol{V}_1, \boldsymbol{V}_2, \cdots, \boldsymbol{V}_c$，并且确定了原始数据对于粒描述符的区间隶属度以后，对于没有被任何一个超立方体信息粒所包含的数据 $\boldsymbol{x}_k$，其重建是通过以下方式完成的：

$$\boldsymbol{X}_k = \sum_{\substack{i=1 \\ \oplus}}^{c} [u_{ik}^-, u_{ik}^+] \otimes \boldsymbol{V}_i \quad k=1, 2, \cdots, N \quad\quad (5-8)$$

在每一个单独的维度上，公式（5-8）也可以表达为

$$X_{kj} = \sum_{\substack{i=1 \\ \oplus}}^{c} [u_{ik}^-, u_{ik}^+] \otimes [\min(v_{ij}^-, v_{ij}^+), \max(v_{ij}^-, v_{ij}^+)] \quad j=1, 2, \cdots, n$$

$$(5-9)$$

这里的操作符 $\oplus$ 和 $\otimes$ 表示区间加法和乘法[9]。根据区间运算的具体实现，在第 j 维度上，相应的区间 $[x_{kj}^-, x_{kj}^+]$ 是通过以下方式确定的：

$$x_{kj}^- = \sum_{i=1}^{c} u_{ik}^- \min(v_{ij}^-, v_{ij}^+) \quad k=1, 2, \cdots, N; j=1, 2, \cdots, n \quad (5-10)$$

$$x_{kj}^+ = \sum_{i=1}^{c} u_{ik}^+ \max(v_{ij}^-, v_{ij}^+) \quad k=1, 2, \cdots, N; j=1, 2, \cdots, n \quad (5-11)$$

最终 $\boldsymbol{X}_k$ 以下面的方式完成重建：

$$\boldsymbol{X}_k = [x_{k1}^-, x_{k1}^+] \times [x_{k2}^-, x_{k2}^+] \times \cdots \times [x_{kn}^-, x_{kn}^+] \quad k=1, 2, \cdots, N \quad (5-12)$$

5.3.4　粒数据描述符的性能评价

当信息粒构造完成以后，可以通过以下几种性能指标来衡量这些粒描述符的质量。这里的覆盖率和具体性是量化评估信息粒质量的最重要的两个指标。

1. 覆盖率

因为粒化过程中的使用的描述符是信息粒，所以我们可以预见重建结果也是以 $\mathbf{R}^n$ 空间中的信息粒形式来呈现的。我们希望重建后的信息粒 $\boldsymbol{X}_k$ 能"覆盖"原始数据 $\boldsymbol{x}_k$（对于被 c 个粒描述符其中任何一个覆盖的数据，我们认为其重建后的结果等同于覆盖它的那个粒描述符）。重建后的超立方体信息粒所覆盖的相应的原始数据越多，这些粒描述符的表现也就越好。通过计算被重建后的信息粒 $\boldsymbol{X}_k$ 覆盖的 $\boldsymbol{x}_k$ 的数量，我们就可以用如下方式来计算覆盖率：

$$\mathrm{cov}(\{\boldsymbol{X}_1, \boldsymbol{X}_2, \cdots, \boldsymbol{X}_N\}) = \frac{\mathrm{card}\{k=1, 2, \cdots, N \mid \boldsymbol{x}_k \in \boldsymbol{X}_k\}}{N} \quad (5-13)$$

其中 $N = \mathrm{card}(\boldsymbol{X})$。显然，$\mathrm{cov}(\{\boldsymbol{X}_1, \boldsymbol{X}_2, \cdots, \boldsymbol{X}_N\})$ 的值受两个参数的影响：描述符的数目 c 和构建 ε-信息粒簇时设定的信息粒度 ε 的大小。

2. 具体性

除了满足覆盖率的需求之外，我们也希望信息粒具有比较明确的语义，这也就要求这些信息粒必须尽可能地具体。本节中，这些信息粒的具体性可以通过这些超立方体的边的长度来进行衡量。假设有一个在一维实数空间 $[x_{\min}, x_{\max}]$ 形成的区间信息粒 $[a, b]$，这个一维信息粒的具体性可以通过以下方式来计算：

$$\mathrm{sp}([a, b]) = 1 - \frac{|b-a|}{|x_{\max} - x_{\min}|} \quad (5-14)$$

很显然，区间 $[a, b]$ 的长度越小，其具体性也就越好。当 a 和 b 重合的时候，这个信息粒就紧缩成一个单独的点，其具体性的值也达到 1，也就是说 $\mathrm{sp}(\{a\}) = 1$。当 $a = x_{\min}$ 并且 $b = x_{\max}$ 的时候，这个区间也就具有最低的具体性，即 $\mathrm{sp}([x_{\min}, x_{\max}]) = 0$。

信息粒 $\boldsymbol{X}_k$ 的具体性是以其每个维度上区间的具体性的平均值来衡量的，其值可以通过以下公式来计算：

$$\mathrm{sp}([x_{kj}^-, x_{kj}^+]) = 1 - \frac{|x_{kj}^+ - x_{kj}^-|}{|x_{j, \max} - x_{j, \min}|} \quad j=1, 2, \cdots, n \quad (5-15)$$

$$\mathrm{sp}(\boldsymbol{X}_k) = \frac{\mathrm{sp}([x_{k1}^-,\ x_{k1}^+]) + \mathrm{sp}([x_{k2}^-,\ x_{k2}^+]) + \cdots + \mathrm{sp}([x_{kn}^-,\ x_{kn}^+])}{n} \qquad (5-16)$$

$$\mathrm{sp}(\{\boldsymbol{X}_1,\ \boldsymbol{X}_2,\ \cdots,\ \boldsymbol{X}_N\}) = \frac{1}{N}\sum_{k=1}^{N}\mathrm{sp}(\boldsymbol{X}_k) \qquad (5-17)$$

3. 粒数据描述符的性能评价

这个 ε 信息粒簇的总体质量可以通过利用粒描述符 $\boldsymbol{V}_1,\boldsymbol{V}_2,\cdots,\boldsymbol{V}_c$ 所进行重建的数据的覆盖率和具体性来进行衡量。换言之，这个 ε 信息粒簇的总体质量可以描述为上面两个性能指标的乘积的形式：

$$Q(\varepsilon\text{-granules}) = \mathrm{cov}(\{\boldsymbol{X}_1,\ \boldsymbol{X}_2,\ \cdots,\ \boldsymbol{X}_N\}) \times \mathrm{sp}(\{\boldsymbol{X}_1,\ \boldsymbol{X}_2,\ \cdots,\ \boldsymbol{X}_N\})$$

$$(5-18)$$

对于一个预先确定的 c 值而言，性能指标 $Q(\varepsilon\text{-granules})$ 是 ε 的单峰函数。通过遍历 ε 的所有可能取值，就能找到使得性能指标 $Q(\varepsilon\text{-granules})$ 达到最大值的最优 ε。还可以引入一个非负的权重参数 α 来控制具体性指标在评价信息粒质量方面的影响度，这样性能指标函数(5-18)的表述可以变得更一般化：

$$Q(\varepsilon\text{-granules}) = \mathrm{cov}(\{\boldsymbol{X}_1,\ \boldsymbol{X}_2,\ \cdots,\ \boldsymbol{X}_N\}) \times \mathrm{sp}(\{\boldsymbol{X}_1,\ \boldsymbol{X}_2,\ \cdots,\ \boldsymbol{X}_N\})^{\alpha}$$

$$(5-19)$$

这种方式使得 $Q(\varepsilon\text{-granules})$ 的优化具有了更多的灵活性。当 α 的值比 1 小的时候，覆盖率指标对于目标函数具有更重要的意义。当 $\alpha=1$ 的时候，覆盖率和具体性同等重要。而当 α 的值大于 1 的时候，也就意味着具体性指标的重要性正在上升。

4. 信息粒比例

对于某些 ε 的取值，有可能出现这种情况：某些信息粒退化成了一个单独的点(当在数字原型的 ε 邻域周围没有数据的时候，这种情况就有可能发生)。这种情形可以通过统计"退化"的信息粒的数目(r)，然后用以下公式进行衡量：

$$f = 1 - \frac{r}{c} \qquad (5-20)$$

我们可以通过这个比例值来确定某些边界 ε 值，即保证 f 不超过某一特定值，也就是说只允许存在很少数量的"退化"的信息粒。

5.4 总体优化过程

构造信息粒的总体过程可以用下面的算法伪码来进行系统性的描述；这里只包含了通用的步骤，而没有包含如何优化这个算法的参数等。

Algorithm of overall optimization：Procedure of formation of information granules

---

```
begin
        //Given c(the number of information granules).
        optimal_Q=0
        optimal_ε=0
        Determine numeric prototypes$V_1$, $V_2$, ⋯, $V_c$ using the eiFCM
        for i=0.01 to ε
        begin
            Construct information granules spanned around the numeric prototypes
            $V_1$, $V_2$, ⋯, $V_c$
            Characterize the quality of information granules in terms of the coverage,
            specificity and $Q(ε\text{-granules})$
            if $Q(ε\text{-granules})$＞best_Q
            begin
                    optimal_ε=ε
            end
        end
        return optimal_ε
    end
```

　　如前所述，用于指导构建信息粒的两个参数分别为信息粒的数目 c 和信息粒度 ε。这两个值的选择在很大程度上是由所要处理的问题本身决定的，但是也有一些经验性的信息可以利用。信息粒度 ε 的概念很容易理解也很直观形象：可以将信息粒度的值设定为每一维度上相应变量的所有取值范围的一部分，比如 ε=0.05 或者 ε=0.20。首先，我们注意到信息粒 V_1, V_2, ⋯, V_c 的具体性水平比之前设定的 ε 值更高。这是因为实验数据不会充满由 ε 所包含的整个区间区域，有一些超立方体信息粒的边会比较短。可以分析在重建过程中 ε 的取值对于信息粒度具体性的影响程度，这样就可以观察到所有被包含在信息粒描述符内的数据具有 ε 值所包含的信息粒度。原始数值型数据的重建会生成信息粒，可以将这些信息粒的不同具体性值以柱状图的形式表示出来，然后通过分析柱状图就可以评估 ε 的值对于重建结果的粒度的影响。

　　通过分析对应于特定的 ε 值所构造的信息粒描述符的质量，可以动态调整 c 的取值使重建的信息粒达到一定程度的覆盖率。一般来讲，对于特定的 ε 取值，为了增加覆盖率，必须增大 c 的值。构造信息粒的总体过程包括两个主要阶段：通过 eiFCM 算法生成数值聚类中心，也就是数值原型；评价不同的 ε 值对信息粒描述符质量的影响并确定最优的信息粒度取值。对于 eiFCM 来讲，每一次迭代过程的时间复杂度为 $O(Nnc)$。对于每一个 ε 的取值，第二个阶段的算法运行时间为 $O(Nnc^2)$。假定 t 是 eiFCM 算法迭代的总代数，有 P 个不同的 ε 值需要进行评估（P 的值一般不会很大，因为通过考虑信息粒比例和信息粒数目这两个因素，我们可以将 ε 的值限定在一定范围之内），整个过程的运行时间为 $O(Nnct + PNnc^2)$。

5.5　实　　验

在本节中，我们将利用二维合成数据集和一组来自机器学习数据库的数据集来进行实验[11]。实验的流程与我们之前介绍的构造信息粒的方法一致。总体的实验框架如下图 5.4 所示。假定需要创建 c 个信息粒，首先通过运行 eiFCM 算法产生一组聚类中心，即数值原型；然后围绕这些数值原型构造信息粒 V_1, V_2, $\cdots$, V_c。最后，遍历 ε 所有可能的取值，并且通过覆盖率、具体性和 $Q(\varepsilon\text{-granules})$ 等指标来评价这些信息粒的质量，并且最终确定对应于当前的 c 值的最优信息粒度 ε。在实验中，我们对 eiFCM 和 FCM 算法进行比较。在这里 P 代表对信息粒的质量进行评价的次数。

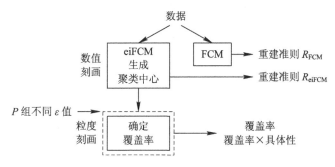

图 5.4　实验的总体框架

在这一系列的实验中，我们将对粒描述符的性能指标进行可视化处理（通过覆盖率和具体性），并且分析参数对性能指标的影响。我们感兴趣的参数是信息粒的数量 c 和 ε 信息粒簇的信息粒度 ε。当运行 FCM 和 eiFCM 算法的时候，模糊因子被设定为 2.0（文献中最常使用的值）。最大的迭代次数设定为 100，因为根据我们的观察，在 100 代之后性能指标没有继续显著地改善（阈值设定为小于 10^{-5}）。为了进行全面的对比分析，我们也对用随机选择法产生的原型的数值重建能力和用 FCM/eiFCM 算法产生的原型的数值重建能力进行比较。我们将这几种算法对应的重建误差（在数值层面的误差）分别标记为 R_{rand}、R_{FCM} 和 R_{eiFCM}。

我们对于随着聚类数目的增长，不同聚类数目对应的性能指标值之间的差别是不是显著这个问题也很感兴趣，所以在这里会运用 T 检验[10]。

5.5.1 二维合成数据集

本实验中所用的二维数据集如图 5.5 所示。在这个数据集中有 5 组呈现正态分布的数据，其特征值分别为：$m_1 = [-2 \quad 0]$, $\Sigma_1 = \begin{bmatrix} 1.9 & 0 \\ 0 & 2.0 \end{bmatrix}$; $m_2 = [-5 \quad 14]$, $\Sigma_2 = \begin{bmatrix} 3.6 & 0 \\ 0 & 1.5 \end{bmatrix}$; $m_3 = [5 \quad -2]$, $\Sigma_3 = \begin{bmatrix} 2.0 & 0 \\ 0 & 1.8 \end{bmatrix}$; $m_4 = [5 \quad 9]$, $\Sigma_4 = \begin{bmatrix} 1.9 & 0 \\ 0 & 5.4 \end{bmatrix}$; $m_5 = [-2 \quad 6]$, $\Sigma_5 = \begin{bmatrix} 2.3 & 0 \\ 0 & 2.5 \end{bmatrix}$。这里 $m_i(i=1, 2, 3, 4, 5)$ 代表均值向量，Σ_i 表示相应的协方差矩阵。每组数据都由 100 个数据点组成。

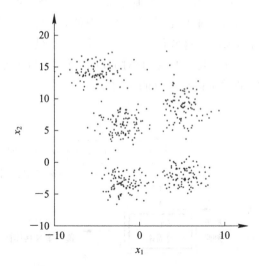

图 5.5 具有 5 组呈正态分布的聚类的二维合成数据集

为了进行比较分析，表 5.1 列出了随机选择法产生的重建误差 R_{rand}，由 FCM 算法产生的数值原型的重建误差 R_{FCM} 和由 eiFCM 算法生成的原型的重建误差 R_{eiFCM}。在表 5.1 中，我们也记录了 FCM，eiFCM 和信息粒构造算法运行所花费的时间，这三种时间分别用 T_{FCM}、T_{eiFCM} 和 $T_{granule}$ 来表示。需要指出的是 $T_{granule} = T_{eiFCM} +$ 评估 ε 对粒描述符质量的影响所花费的时间。随机选择的最大次数、FCM 和 eiFCM 的最大迭代代数都设定为 100。在实际问题中，通过信息粒比例指标 f 所确定的 ε 的起始值会大于 0.01，其最大值也会小于 0.30。通常在 ε 到达 0.30 之前，$Q(\varepsilon\text{-granules})$ 的最优值就可以确定了。

表 5.1　合成数据集的重建误差和算法的运行时间

c	2	3	4	5	6	7	8	9	10
R_{rand}	1,150.5，±566.1	734.9，±377.2	540.1，±313.7	445.2，±237.4	330.5，±168.3	250.6，±150.7	208.5，±121.1	170.0，±120.0	149.3，±94.5
R_{FCM}	469.7，±0.0	210.4，±0.0	90.6，±0.8	73.2，±0.0	65.0，±1.7	58.42，±2.6	52.6，±2.7	47.2，±3.3	43.5，±3.2
R_{eiFCM}	469.7，±0.0	210.4，±0.0	89.6，±0.0	73.2，±0.0	65.7，±2.0	58.7，±3.2	53.8，±3.7	49.6，±3.5	44.0，±2.8
T_{FCM}/ms	136.5，±32.4	178.7，±23.2	291.1，±77.2	352.0，±35.0	490.7，±95.6	629.8，±64.8	748.0，±13.7	1,056.1，±21.2	1,179.9，±40.9
T_{eiFCM}/ms	24.0，±0.4	31.6，±0.4	41.4，±0.6	51.6，±0.8	61.2，±0.4	71.4，±0.8	80.9，±0.3	91.8，±1.4	102.5，±1.1
$T_{granule}/ms$	24.3，±0.4	32.0，±0.4	41.8，±0.6	52.0，±0.7	61.7，±0.4	72.0，±0.7	81.6，±0.3	92.6，±1.4	103.3，±1.1

　　根据表中的实验结果，我们可以看出：对于相同数量的原型数目，eiFCM 算法所花费的时间远小于 FCM 算法。对于每一个 R_{rand}、R_{FCM} 和 R_{eiFCM}，我们都列出了其实验结果的平均值和标准方差。对于每一个不同的 c 值，FCM 算法和 eiFCM 算法所产生的重建误差基本相同，并且远低于随机选择法产生的重建误差。当 $c=2$、4 和 5 时所生成的粒描述符如图 5.6 所示(细线表示当 ε=0.1 的时候创建的超立方体信息粒；粗线表示当 ε=0.05 的时候创建的超立方体信息粒)。当对重建误差 R_{eiFCM} 运行独立两样本 T 检验的时候，不同 c 值所对应的重建误差呈现出了显著的区别。在运行 T 检验的时候，对于每一个 c 值，我们采取了 20 个取样样本。

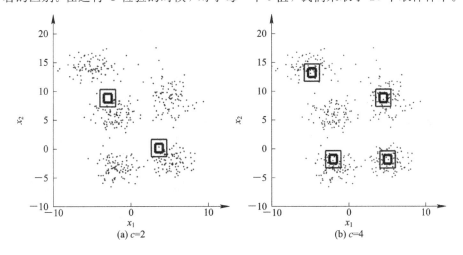

(a) $c=2$　　　　　　　　　　(b) $c=4$

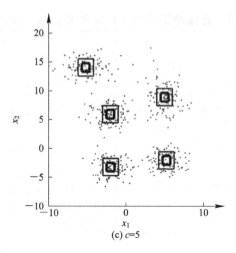

(c) $c=5$

图 5.6　通过 eiFCM 算法生成的粒描述符

　　这些信息粒描述符的总体粒度特征是通过覆盖率和性能指标 $Q(\varepsilon\text{-granules})$ 来描述的。图 5.7 描述了当 $c=2$、4 和 5 时覆盖率和 $Q(\varepsilon\text{-granules})$ 的值。图中的趋势很明显：随着 ε 值的增大，覆盖率也随着提高；对于某一特定的 ε，随着 c 的减小，覆盖率也会随之降低。在开始阶段，随着 ε 的增大，$Q(\varepsilon\text{-granules})$ 的值也会随之增大，然后在 $\varepsilon=0.15$ 的时候达到最大值。接下来，随着 ε 的继续增大，$Q(\varepsilon\text{-granules})$ 会持续减小，因为随着粒描述符体积的增长，原始数据解粒化后结果的具体性会迅速降低。关于信息粒构建算法的时间开销，请参考图 5.7(c)，有一点值得强调：对信息粒描述符评价的过程需要极其有限的时间开销，所花费的时间比单独运行 eiFCM 算法只提高了 $1\%\sim2\%$。

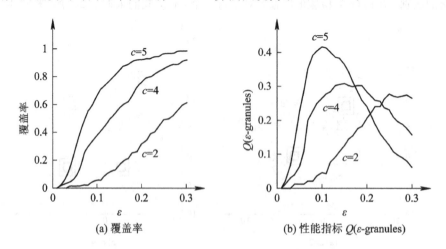

(a) 覆盖率　　　　　　　　　　　　(b) 性能指标 $Q(\varepsilon\text{-granules})$

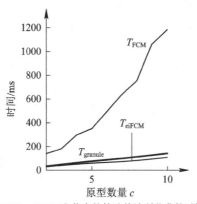

(c) FCM、eiFCM和信息粒构造算法所花费的时间

图 5.7 当 $c＝2$，4 和 5 时不同 ε 对应的性能指标

5.5.2 Wilt 数据集

Wilt 数据集来自 UCI 机器学习数据库[11]，它包括 4889 组 6 维数据。和之前的形式一样，在表 5.2 中，我们列出了随机选择法、FCM 算法以及 eiFCM 算法所面临的重建误差，以及 FCM 算法和 eiFCM 算法的时间开销。覆盖率和性能指标 $Q(\varepsilon\text{-granules})$ 的值的变化在图 5.8 中进行了展示。由 FCM 算法产生的原型进行重建产生的重建误差和 eiFCM 算法产生的原型的基本一致。

表 5.2 Wilt 数据集的重建误差和不同算法的时间开销

c	2	3	4	5	6	7	8	9	10
R_{rand}	27, 556, ±5, 853	23, 006, ±3, 145	20, 395, ±2, 546	19, 537, ±2, 882	18, 310, ±2, 572	17, 462, ±1, 902	16, 776, ±2, 166	16, 180, ±2, 142	16, 083, ±2, 057
R_{FCM}	21, 265, ±0	20, 031, ±0	19, 269, ±0	18, 720, ±5	18, 452, ±74	13, 094, ±65	12, 254, ±72	12, 070, ±84	11, 339, ±33
R_{eiFCM}	21, 265, ±0	20, 031, ±0	19, 269, ±0	18, 700, ±12.32	18, 464, ±58.09	13, 125, ±57.45	12, 199, ±80.65	12, 032, ±71.19	11, 360, ±39.32
T_{FCM}/ms	1, 231, ±8.45	2, 045, ±20.99	3, 408, ±94.20	4, 328, ±88.54	5, 733, ±43.62	7, 279, ±92.37	9, 062, ±78.50	11, 246, ±30.71	13, 217, ±29.81
T_{eiFCM}/ms	252.10, ±12.36	373.10, ±10.89	492.70, ±11.23	618.10, ±17.01	731.40, ±5.61	856.00, ±13.76	967.10, ±1.70	1, 098.90, ±26.68	1, 229.70, ±34.52
$T_{granule}/ms$	256.55, ±12.37	379.29, ±11.11	500.56, ±11.79	627.32, ±17.42	741.97, ±5.66	868.05, ±13.75	980.42, ±1.70	1, 114.70, ±28.30	1, 246.18, ±34.44

性能指标 $Q(\varepsilon\text{-granules})$ 的变化趋势与上一个实验类似。首先，随着 ε 值的增大，$Q(\varepsilon\text{-granules})$ 的值也逐步变大。当 $Q(\varepsilon\text{-granules})$ 达到最大值以后，ε 的继续增大会导致重建信息粒具体性的降低，导致 $Q(\varepsilon\text{-granules})$ 也随之下降，因为覆盖率的上升不能完全补偿具体性降低对于性能指标的影响。当用 eiFCM 算法所产生的数值原型进行重建的时候，不同数目的原型所对应的重建误差体现出了明显的差别，独立双样本 T 检验的结果小于 0.05。

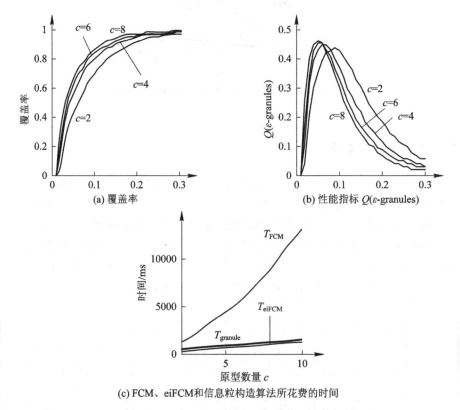

(a) 覆盖率

(b) 性能指标 $Q(\varepsilon\text{-granules})$

(c) FCM、eiFCM和信息粒构造算法所花费的时间

图 5.8　当 $c=2$、4、6 和 8 时 Wilt 数据相应的性能指标的值

5.5.3　MiniBooNE particle identification 数据集

MiniBooNE particle identification 数据集来自 UCI 机器学习数据库[11]，它包含 130065 组 50 维数据。这些数据来自 MiniBooNE 实验，是用来从 μ 子中微子背景中甄别中微子信号的。我们以和上述实验同样的方式来展示这个实验的结果。表 5.3 展示了由随机选择法、FCM 算法、eiFCM 算法生成的数值原型对应的重建误差。覆盖率和评价函数 $Q(\varepsilon\text{-granules})$ 的值在图 5.9 中进行了展示。从图中的

曲线可以看出：当 ε 较小的时候，覆盖率也比较低；但是当 ε 增长到 0.025，覆盖率就会迅速升高。$Q(\varepsilon\text{-granules})$ 的值随着 ε 的增长也逐渐升高，并且在 ε 增长到大约 0.15 的时候到达最大值。统计分析的结果也同样表明：通过 eiFCM 算法所产生的不同数目的原型所导致的重建误差之间有着显著的区别。

表 5.3 Miniboone particle identification 数据集对应的重建误差和计算时间

c	2	3	4	5	6	7	8	9	10
R_{rand}	6,582,342,±583,940	6,412,637,±799,438	6,409,371,±580,224	6,317,420,±806,835	6,242,293,±975,037	6,250,459,±806,408	6,114,345,±1,126,524	6,155,590,±985,458	5,981,914,±1,366,220
R_{FCM}	6,506,349,±86	6,506,365,±92	6,488,956,±34,867	6,479,283,±58,503	6,202,911,±35,490	5,806,207,±41,430	5,672,437,±68,593	5,600,587,±87,434	5,397,907,±86,509
R_{eiFCM}	6,499,357,±21,148	6,506,232,±367	6,499,679,±19,549	6,491,718,±29,625	6,166,740,±22,036	5,882,920,±23,857	5,598,848,±71,867	5,574,075,±73,437	5,398,167,±80,570
T_{FCM}/s	250.54,±10.65	415.89,±11.39	602.94,±20.12	825.87,±20.58	1,043.48,±31.72	1,342.25,±43.21	1,613.86,±49.66	1,927.23,±51.30	2,260.45,±49.04
T_{eiFCM}/s	17.98,±0.05	26.37,±0.11	35.03,±0.21	42.08,±0.27	49.68,±0.05	57.86,±0.10	65.90,±0.01	74.02,±0.02	82.24,±0.12
$T_{granule}/s$	18.50,±0.06	27.09,±0.09	35.99,±0.21	43.15,±0.29	50.81,±0.03	59.14,±0.09	67.65,±0.02	75.61,±0.03	84.01,±0.06

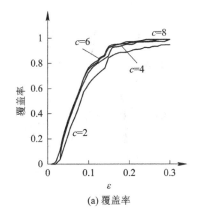

(a) 覆盖率

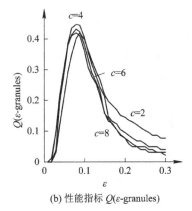

(b) 性能指标 $Q(\varepsilon\text{-granules})$

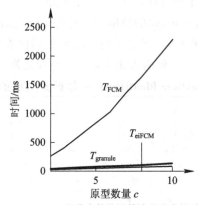

(c) FCM、eiFCM和信息粒构造算法所花费的时间

图 5.9 当 $c=2,4,6$ 和 8 时 MiniBooNE particle identification 数据集的性能指标

5.5.4 Statlog(Shuttle)数据集

在本实验中，我们使用了具有 58000 组 9 维数据的 Statlog(Shuttle)数据集[11]。图 5.10 展现了当 $c=2$、4、6 和 8 的时候，不同的 ε 取值对应的覆盖率和评价函数 $Q(\varepsilon\text{-granules})$ 的值，以及 FCM 算法、eiFCM 算法和信息粒构造算法所耗费的时间。随着 ε 的增大，覆盖率迅速上升。当 $c=2$、4、6 和 8，并且 ε 分别等于 0.05、0.06、0.11 和 0.15 的时候，性能指标 $Q(\varepsilon\text{-granules})$ 的值也分别到达最大。构造粒描述符所需要的时间开销非常小，这一点从图上也很容易看出来。

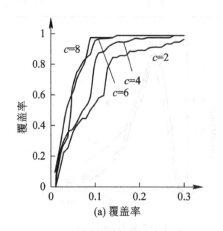

(a) 覆盖率

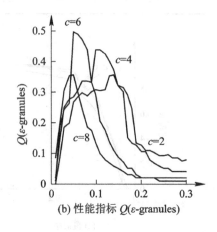

(b) 性能指标 $Q(\varepsilon\text{-granules})$

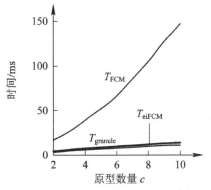

(c) FCM、eiFCM和信息粒构造算法所花费的时间

图 5.10　当 $c=2$、4、6 和 8 时 SensorlessDrive Diagnosis 数据集的性能指标

5.6　结　　论

　　本章讨论并研究了如何围绕 eiFCM 算法产生的数值原型构造一组超立方体信息粒，也就是 ε-信息粒簇。当利用粒描述符来描述数值数据的时候，后续的处理会生成信息粒。通过一系列的实验，讨论了粒描述符的信息粒度 ε 和粒描述符的数量 c 这两个因素是如何影响粒描述符对原始数据的表示能力的。ε 的取值对于粒描述符的重建能力有着显著的影响：ε 的值越大，重建后的信息粒的覆盖率就越高，但是结果的具体性也随之下降。通过性能指标 $Q(\varepsilon\text{-granules})$ 的指引，就能在覆盖率和具体性之间寻求一个平衡点。和 ε 一样，c 的取值对重建误差也有影响：c 的值越大，重建结果的覆盖率就越高，而且实验结果的标准方差也就越低。

参 考 文 献

[1]　PEDRYCZ W，BARGIELA A. An optimization of allocation of information granularity in the interpretation of data structures：toward granular fuzzy clustering[J]. IEEE Transactions on Systems，Man，and Cybernetics，Part B：Cybernetics，2012，42(3)：582-590.

[2] PEDRYCZ W, OLIVEIRA J V D. A development of fuzzy encoding and decoding through fuzzy clustering [J]. IEEE Transactions on Instrumentation and Measurement, 2008, 57(4): 829 – 837.

[3] XIAO Y, YU J. Partitive clustering(K-means family)[J]. Wiley Interdisciplinary Reviews: Data Mining and Knowledge Discovery, 2012, 2(3): 209 – 225.

[4] GHOSH S, DUBEY S K. Comparative analysis of K-means and fuzzy C-means algorithms [J]. International Journal of Advanced Computer Science and Applications, 2013, 4(4): 35 – 39.

[5] HAVENS T C, BEZDEK J C, LECKIE C, et al. Fuzzy C-means algorithms for very large data[J]. IEEE Transactions on Fuzzy Systems, 2012, 20 (6): 1130 – 1146.

[6] MURTAGH F. A survey of recent advances in hierarchical clustering algorithms[J]. 1983, 26(4): 354 – 359.

[7] MURTAGH F, CONTRERAS P. Algorithms for hierarchical clustering: an overview [J]. Wiley Interdisciplinary Reviews Data Mining and Knowledge Discovery, 2012, 2(1): 86 – 97.

[8] KOLEN J F, HUTCHESON T. Reducing the time complexity of the fuzzy C-means algorithm[J]. IEEE Transactions on Fuzzy Systems, 2002, 10(2): 263 – 267.

[9] ICHINO M, YAGUCHI H. Generalized minkowski metrics for mixed feature-type data analysis[J]. IEEE Transactions on Systems Man and Cybernetics, 1994, 24(4): 698 – 708.

[10] ZIMMERMAN D W. A note on interpretation of the paired-samples T test[J]. Journal of Educational and Behavioral Statistics, 1997, 22(3): 349 – 360.

[11] LICHMAN M, http://archive. ics. uci. edu/ml[OL/DB], UCI Machine Learning Repository, University of California, Irvine, School of Information and Computer Sciences, 2013.

第6章　粒度 TS 模糊模型的设计与实现

6.1　问题的定义

　　基于规则的 TS(Takagi-Sugeno)模糊模型在模糊建模领域已经取得了巨大的成功。在本章中，我们提出了一种新颖的创建粒模糊模型的方法。本章中的设计方法主要有两个创新点：首先，采用特征加权模糊 c 均值算法来对数据的输入空间进行聚类，然后建立基于聚类的 TS 模糊模型。这种模型能够显著地降低预测误差。第二，通过信息粒度的最优化分配，建立了更高层次的粒模糊模型。通过对规则前半部分的模糊集进行信息粒度的最优化分配，可以使所建立的粒模型更好地吻合已知数据。信息粒度的最优化分配是粒计算基本准则之一[1-2]，它是建立粒模型的关键，已经在模糊建模领域被广泛研究。通过分配一定程度的信息粒度，就能将所建立的数值模型提升到一个更高的抽象层次，这样建立的模型就称为粒模型。

　　下面我们考虑一个常见的由 c 条规则组成的 TS 模糊系统。这个系统的第 i 条规则以下面的形式呈现：

$$\text{if } \boldsymbol{x} \text{ is } A_i, \text{ then } y = f_i(\boldsymbol{x}, \boldsymbol{a}_i) \quad i = 1, 2, \cdots, c \qquad (6-1)$$

　　通过对第 i 条规则前件部分的模糊集 A_i 和结论部分的模型的参数分配一定的信息粒度，这个粒模型就可以表示为由以下规则组成的系统：

$$\text{if } \boldsymbol{x} \text{ is } G(A_i), \text{ then } Y = f_i(\boldsymbol{x}, G(\boldsymbol{a}_i)) \quad i = 1, 2, \cdots, c \qquad (6-2)$$

这里的 $G(\cdot)$ 表示对模糊集的粒度化的增强。强调一点，这里描述的是以一种通用的对模糊模型进行粒化的机制，并不局限于某种特定的形成信息粒的机制。也就是说，$G(A_i)$ 可以是模糊集、阴影集或者 2-型模糊集，或者其他各种可能的选择。基于粒模型的前件部分的粒化本质，也决定了粒度 TS 模糊模型规则的输出不再是数值数据，而是信息粒，这里我们用 Y 来表示。当输出的信息粒能够包含(覆盖)期望的数值输出的时候,我们就认为信息粒度的分配使这个模型变得更加贴合实际。

在粒计算中,FCM算法已经成为构造模糊集信息粒的标准方法,但是在某些特定的环境下,其仍然面临着某些局限性,使得它不能有效地发现有意义的聚类。在本章中,我们将运用子空间聚类算法来构造条件部分的模糊集,使得这些模糊集的不同变量具有不同的权重,然后利用这些模糊集和实验数据来建立模糊模型。接下来,在目标函数的指引下对这些模糊集信息粒分配一定的信息粒度,建立最终粒模型。

6.2 特征加权 FCM 算法

FCM算法是最经常使用的一种聚类算法,也常常被用在粒计算中进行模糊集信息粒的构造。FCM算法中使用的目标函数一般都是采用欧氏距离,和其他的基于距离的聚类算法相似,在数据的维度比较高或者只有一部分变量(特征)与将要创建的模糊集相关的时候,FCM算法也面临着一些局限性。因为在这种情况下,FCM算法中使用的数据点和原型之间的距离会倾向于变得类似,使得聚类算法很难区分,严重影响聚类算法的有效性[3]。为了克服这些缺点,子空间聚类成了很有吸引力的技术。在近些年,学术界已经对子空间聚类算法进行了深入的研究[4-7]。在本章中,我们使用一种特征加权聚类算法[6]来构造模糊集,这些模糊集将被用在模糊模型规则的条件部分。在算法运行完成后,每个聚类还会被赋予特定的权重向量。在这个子空间聚类算法中,需要优化的目标函数如下所示:

$$J = \sum_{i=1}^{c} \sum_{k=1}^{N} u_{ik}^{m} \sum_{j=1}^{n} w_{ij}^{f} \frac{(x_{kj} - v_{ij})^2}{\sigma_j^2} \qquad (6-3)$$

式中的 w_{ij} 表示每个变量在每个聚类中的非负权重值,它满足约束条件 $\sum_{j=1}^{n} w_{ij} = 1$, $i=1, 2, \cdots, c$。和FCM算法相似,聚类中心是通过所有数据点的平均值来计算的。在计算聚类中心的过程中,这些数据点是根据其隶属度值来进行加权的,并且隶属度满足 $\sum_{j=1}^{n} u_{ij} = 1$, $i=1, 2, \cdots, c$ 这一约束条件。在对目标函数进行优化的过程中,这个问题就转换成了如何确定聚类中心和隶属度矩阵这两个子问题。优化后的原型可以通过以下形式确定:

$$v_i = \frac{\sum\limits_{k=1}^{N} u_{ik}^m \boldsymbol{x}_k}{\sum\limits_{k=1}^{N} u_{ik}^m} \qquad (6-4)$$

对于隶属度矩阵，为了满足约束条件，我们通过引入拉格朗日算子(λ_1 和 λ_2)建立新的优化目标。改进的目标函数如下所示：

$$J_\lambda = \sum_{i=1}^{c} \sum_{k=1}^{N} u_{ik}^m \sum_{j=1}^{n} w_{ij}^f \frac{(x_{kj} - v_{ij})^2}{\sigma_j^2} - \lambda_1 \left(\sum_{i=1}^{c} u_{ij} - 1 \right) - \lambda_2 \left(\sum_{i=1}^{c} w_{ij} - 1 \right)$$

$$(6-5)$$

通过对式(6-5)中的未知参数进行梯度计算，可以得到：

$$u_{ik} = \frac{\left(\sum\limits_{j=1}^{n} w_{ij}^f \left((x_{kj} - v_{ij})/\sigma_j \right)^2 \right)^{\frac{1}{1-m}}}{\sum\limits_{p=1}^{c} \left(\sum\limits_{j=1}^{n} w_{pj}^f \left((x_{kj} - v_{pj})/\sigma_j \right)^2 \right)^{\frac{1}{1-m}}} \qquad (6-6)$$

$$w_{ik} = \frac{\left(\sum\limits_{k=1}^{N} u_{ik}^m \left((x_{kj} - v_{ij})/\sigma_j \right)^2 \right)^{\frac{1}{1-f}}}{\sum\limits_{p=1}^{n} \left(\sum\limits_{k=1}^{N} u_{ik}^m \left((x_{kp} - v_{ip})/\sigma_p \right)^2 \right)^{\frac{1}{1-f}}} \qquad (6-7)$$

和 FCM 算法一样，这个算法也是以迭代的方式进行的。在迭代的过程中，每一次迭代都需要根据公式(6-5)～式(6-7)来计算隶属度矩阵和权重矩阵，直到满足算法的某一终止条件。

6.3　利用模糊聚类算法建立 TS 模糊模型

为了创建 TS 模糊模型，我们需要通过聚类算法将输入空间分割成一系列模糊区域，并且在每一个区域中用一种简单的线性模型来预测输入-输出之间的映射关系。最终这些局部线性模型的加权组合就构成了全局的模糊系统。设计模糊模型的第一步就是将输入空间分割成一些子区域。在本章中，我们使用特征加权 FCM 算法。FCM 算法中的聚类数 c 也就是规则的数目。

模糊模型是通过监督学习的方式建立的。假设我们有一组由输入-输出模式对组成的训练集 $\boldsymbol{D} = \{(\boldsymbol{x}_1, y_1), (\boldsymbol{x}_2, y_2), \cdots, (\boldsymbol{x}_N, y_N)\}$，整个设计过程有两个主要阶段：信息粒(聚类)的创建和局部模糊模型的建立。在聚类算法运行完成之后，输入空间就被划分成了 c 个模糊区域(多变量模糊集)，即 $\Omega_1, \Omega_2, \cdots, \Omega_c$。对于每一个子区域，建立下面形式的模糊规则：

$$\text{if } \boldsymbol{x}_k \in \Omega_i, \text{ then } \hat{y}_{ik} = a_i^0 + a_i^1 x_{k1} + a_i^2 x_{k2} + \cdots + a_i^n x_{kn} = \boldsymbol{a}_i^\mathrm{T} \boldsymbol{x}_k \qquad (6-8)$$

这里 $i=1, 2, \cdots, c$；$k=1, 2, \cdots, N$；$\boldsymbol{a}_i=[a_i^0, a_i^1, a_i^2, \cdots, a_i^n]^{\mathrm{T}}$，$\boldsymbol{x}_k=[1, x_{k1}, x_{k2}, \cdots, x_{kn}]^{\mathrm{T}}$，$\boldsymbol{a}_i$ 表示第 i 条局部线性规则的参数向量。在模糊聚类算法完成后，会返回一组聚类中心和一个隶属度矩阵 $\boldsymbol{U}=[A_i(\boldsymbol{x}_k)]_{c\times N}=[u_{ik}]_{c\times N}\in[0, 1]$。为了确定第 k 个数据 $\boldsymbol{x}_k$ 所对应的输出，我们将第 i 条规则的激活水平设置为隶属度值 u_{ik}。通过这种方式，就得到了以下面的方式组合的输出：

$$\hat{y}_k = \frac{\displaystyle\sum_{i=1}^c u_{ik}\hat{y}_{ik}}{\displaystyle\sum_{i=1}^c u_{ij}} = \frac{u_{1k}\boldsymbol{a}_1^{\mathrm{T}}\boldsymbol{x}_k + u_{2k}\boldsymbol{a}_2^{\mathrm{T}}\boldsymbol{x}_k + \cdots + u_{ck}\boldsymbol{a}_c^{\mathrm{T}}\boldsymbol{x}_k}{\displaystyle\sum_{i=1}^c u_{ik}}$$
$$= u_{1k}\boldsymbol{a}_1^{\mathrm{T}}\boldsymbol{x}_k + u_{2k}\boldsymbol{a}_2^{\mathrm{T}}\boldsymbol{x}_k + \cdots + u_{ck}\boldsymbol{a}_c^{\mathrm{T}}\boldsymbol{x}_k \tag{6-9}$$

模糊模型的性能是通过模型的输出与实际的输出之间的误差的平方和来衡量的，即

$$J_{\mathrm{MSE}} = \sum_{k=1}^N (\hat{y}_k - y_k)^2 \tag{6-10}$$

或者也可以考虑使用误差平方和的均方根来作为衡量模糊模型性能的标准：

$$J_{\mathrm{RMSE}} = \sqrt{\frac{1}{N}\sum_{k=1}^N (\hat{y}_k - y_k)^2} \tag{6-11}$$

然后可以在目标函数 J_{MSE}（或者 J_{RMSE}）的指引下来优化参数矩阵 $\boldsymbol{A}=[\boldsymbol{a}_1, \boldsymbol{a}_2, \cdots, \boldsymbol{a}_c]^{\mathrm{T}}$，使得目标函数的值达到最优。在本书中，最优参数矩阵 $\boldsymbol{A}_{\mathrm{opt}}$ 的值是通过最小二乘法来计算的。

6.4 粒度模糊模型

在建立粒度 TS 模糊模型的过程中，如式（6-2）所示，通过分配一定的信息粒度，数值隶属度函数 A_i 被提升到粒度级别 $G(A_i)$。接下来，我们介绍如何在数值描述符（聚类中心）的基础上创建区间信息粒和计算粒度隶属度值（区间类型隶属度）。

我们将模糊聚类算法生成的数值原型 $v_1, v_2, \cdots, v_c$ 作为"锚点"，围绕这些点创建粒原型 $\boldsymbol{V}_1, \boldsymbol{V}_2, \cdots, \boldsymbol{V}_c$。在本章中，我们设定 $\boldsymbol{V}_i$ 为区间类型的粒原型，通过为第 i 个数值原型分配特定的信息粒度 ε_i，以数值原型为中心，就能构造一个超立方体信息粒。这个超立方体的第 j 维的上下边界分别被设定为 $v_{ij}-\varepsilon_i/2\times\mathrm{range}_j$ 和 $v_{ij}+\varepsilon_i/2\times\mathrm{range}_j$，这里的 range_j 代表的是第 j 个变量的取值范围。

因为这些粒原型的粒度本质，所以决定了任意数据点到 V_i 的距离也是非数值形式的。当我们需要计算一个点到非数值原型 V 之间的距离的时候，引入了粒度（区间）距离的概念来反映所有可能的距离范围。一般两个点之间的距离是用一个数值实体来表示的。相比之下，点 x 和位于 R 空间的区间 $[s, t]$ 之间的距离就由一系列可能的值组成，可以用区间的形式来表示这些值，如图 6.1 所示。

$$s \qquad\qquad t \quad x$$

图 6.1　计算点 x 和区间 $[s, t]$ 之间的距离

直观上，我们可以看出点 x 和区间 $[s, t]$ 之间的距离有两个极值点：最近距离是根据与 x 最近的点（t）来计算的，而最远距离是通过区间距离 x 最远点 s 与 x 之间的距离来确定的。鉴于这两个极端情况，其他所有的距离都位于这两个极值之间。这两个极值记为 $d^*(t, x)$ 和 $d^*(s, x)$。这样就确定了区间形式的距离 $[d^*(t, x), d^*(s, x)]$。一个特殊的情形就是当 x 属于区间 $[s, t]$ 的时候，这个距离区间就退化成 $[0, 0]$。综上所述，x 与 $[s, t]$ 之间的距离可以通过以下公式来计算：

$$d([s,t],x)=\begin{cases}[\min(d^*(s,x), d^*(t,x)), \max(d^*(s,x), d^*(t, x))] & \text{if } x\notin[s,t] \\ 0, & \text{otherwise}\end{cases}$$

$$(6-12)$$

接下来，我们要使用粒度隶属度值（区间类型）来代替单值型隶属度。如图 6.2 所示，我们首先将粒原型投影到每一个坐标轴上。对于 x_k 的第 j 个变量，当 $x_{kj}\notin[v_{ij}^-, v_{ij}^+]$ 时，假设 $v_{ij}^-=v_{ij}-\varepsilon_i/2\times\text{range}_j$ 并且 $v_{ij}^+=v_{ij}+\varepsilon_i/2\times\text{range}_j$。通过考虑距离最远和最近的情况，距离的边界值可以确定为 $[d_{\min\_ikj}, d_{\max\_ikj}]=[\min(w_{ij}^f(x_{kj}-v_{ij}^-)^2, w_{ij}^f(x_{kj}-v_{ij}^+)^2), \max(w_{ij}^f(x_{kj}-v_{ij}^-)^2, w_{ij}^f(x_{kj}-v_{ij}^+)^2)]$。当 $x_{kj}\in[v_{ij}^-, v_{ij}^+]$ 时，距离等于零，也就是说 $[d_{\min\_ikj}, d_{\max\_ikj}]=[0, 0]$。距离等于零时，区间 $[d_{\min\_ikj}, d_{\max\_ikj}]$ 就退化成一个单值点 $[0, 0]$。

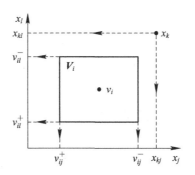

图 6.2　计算 x_k 与粒原型 V_i 的距离区间

数据 x_k 与粒原型 V_i 之间的最近距离 $d_{\min}(V_i, x_k)$ 以及最远距离 $d_{\max}(V_i, x_k)$ 可以根据每个维度上的距离区间来计算。具体公式如下所示，这些公式是通过对一维距离计算公式进行扩展而得来的，这里 σ_j 代表第 j 个变量的标准方差，其中 $i=1, 2, \cdots, c, k=1, 2, \cdots, N$。

$$d_{\min}(V_i, x_k) = \left(\sum_{j=1}^{n} \frac{d_{\min\_ikj}}{\sigma_j^2} \right)^{\frac{1}{2}} \tag{6-13}$$

$$d_{\max}(V_i, x_k) = \left(\sum_{j=1}^{n} \frac{d_{\max\_ikj}}{\sigma_j^2} \right)^{\frac{1}{2}} \tag{6-14}$$

确定了区间形式的距离，接下来对于没有被任何一个粒原型所覆盖（包含）的点 x_k，我们利用如下公式来计算 x_k 对于 V_i 的隶属度值：

$$g_{ik}^1 = \frac{1}{\sum_{p=1}^{c} \left(\frac{d_{\min}(V_i, x_k)}{d_{\min}(V_p, x_k)} \right)^{2/(m-1)}} \tag{6-15}$$

$$g_{ik}^2 = \frac{1}{\sum_{p=1}^{c} \left(\frac{d_{\max}(V_i, x_k)}{d_{\max}(V_p, x_k)} \right)^{2/(m-1)}} \tag{6-16}$$

因此，x_k 对于 V_i 的区间隶属度可以确定为 $[u_{ik}^-, u_{ik}^+] = [\min(g_{ik}^1, g_{ik}^2), \max(g_{ik}^1, g_{ik}^2)]$。当 x_k 被某一特定的超立方体信息粒 V_i 覆盖的时候，就将 x_k 对这个粒原型的隶属度设定为 $[u_{ik}^-, u_{ik}^+] = [1, 1]$。与此同时，$x_k$ 对其他粒原型的隶属度都设定为退化成单值的区间 $[0, 0]$。在确定了粒原型 $V_1, V_2, \cdots, V_c$ 和隶属度区间以后，对于任意的输入 x_k，其所对应的区间类型输出 Y_k 可以计算如下：

$$Y_k = \sum_{\substack{i=1 \\ \oplus}}^{c} [u_{ik}^-, u_{ik}^+] \otimes \hat{y}_{ik}$$

$$= [u_{1k}^-, u_{1k}^+] \otimes a_1^T x_k \oplus [u_{2k}^-, u_{2k}^+] \otimes a_2^T x_k \oplus \cdots \oplus [u_{ck}^-, u_{ck}^+] \otimes a_c^T x_k \tag{6-17}$$

这里的 $\oplus$ 和 $\otimes$ 分别表示区间加法和乘法[8]。如果 x_k 被某一特定的信息粒 V_i 覆盖，那么输出 Y_k 可以计算如下：

$$Y_k = a_i^T V_i = a_i^T \otimes [v_i^-, v_i^+] \tag{6-18}$$

这里 v_i^- 和 v_i^+ 表示信息粒 V_i 中距离 x_k 最近和最远的点。

6.5 信息粒度的最优分配和目标函数

信息粒度是一个重要的设计要素，通过对其进行合理分配，原始模型会被提升到一个新的层次，从而形成粒模型。在本章中，信息粒度的分配问题可以被转化成如何在满足约束条件 $\sum_{i=1}^{c} \varepsilon_i = \varepsilon$ 的前提下分配一定水平的信息粒度 ε 给每个数值原型，这里的 $\varepsilon_i(\varepsilon_i > 0)$ 表示分配给第 i 个数值原型的信息粒度大小。

对每一个数值原型分配一定程度的信息粒度后所形成的粒原型的质量可以通过结合了覆盖率和具体性的目标函数来评价。当需要优化这个目标函数的时候，要考虑信息粒度的不同分配组合，然后确定最优的信息粒度分配方案。假设有一组由输入-输出 $\{(\boldsymbol{x}_1, y_1), (\boldsymbol{x}_2, y_2), \cdots, (\boldsymbol{x}_N, y_N)\}$ 组成的训练数据。对于任意的输入 $\boldsymbol{x}_k$，粒模糊模型的输出是一个信息粒 Y_k，$Y_k = f(\boldsymbol{x}_k, G(\boldsymbol{a}))$。为了评价信息粒度分配的质量，一个很显然的评价指标就是覆盖率。我们通过统计被输出 Y_k 所覆盖的 y_k 的数量，就可以确定覆盖率。具体地说，覆盖率是被信息粒 Y_k 所覆盖的 y_k 的数量与所有实验数据数量 N 的比例，即

$$\mathrm{coverage}(\varepsilon_1, \varepsilon_2, \cdots, \varepsilon_c) = \frac{\mathrm{card}\{k=1, 2, \cdots, N \mid y_k \in Y_k\}}{N} \qquad (6-19)$$

被覆盖的数据越多，则说明粒模型的粒度分配越好。与此同时，我们也希望输出的信息粒 $Y_1, Y_2, \cdots, Y_N$ 的具体性越高越好，因为这样的信息粒具有更明确的语义。因为 Y_k 是区间类型的信息粒，我们可以通过一种比较简单的形式来衡量其具体性。假设 $y_{\min}$ 和 $y_{\max}$ 分别是输出空间的最小值和最大值，那么具体性就可以通过下面的公式来进行计算：

$$\mathrm{specificity}(\varepsilon_1, \varepsilon_2, \cdots, \varepsilon_c) = \frac{\sum_{k=1}^{N} \max\left(0, 1 - \frac{\mid y_k^- - y_k^+ \mid}{\mid y_{\max} - y_{\min} \mid}\right)}{N} \qquad (6-20)$$

很显然，这里的覆盖率和具体性指标也是相互冲突的。覆盖率是 ε 的非递减函数，ε 的值越大，覆盖率也就越高，但是较高的 ε 值会导致输出的信息粒的具体性的降低。我们使用了一个双目标的优化函数以期在覆盖率和具体性之间寻求一个最佳平衡点。一个很好的目标函数就是覆盖率和具体性两个指标的乘积。信息粒度分配质量的总体评价标准可以描述为

$$Q(\varepsilon) = \mathrm{coverage}(\varepsilon_1, \varepsilon_2, \cdots, \varepsilon_c) \times \mathrm{specificity}(\varepsilon_1, \varepsilon_2, \cdots, \varepsilon_c)^a \qquad (6-21)$$

这里的权重参数 α 使得用户在调整具体性准则的重要性方面有了更大的灵活性。当 $\alpha=1$ 时，覆盖率和具体性准则同等重要。如果 $\alpha>1$，则表明具体性准则重要性增加。用户可以根据所要解决问题的不同来动态调整 α 的值，并且评价不同的 α 值对于系统性能的影响。在本章中，我们假定 $\alpha=1$，即覆盖率和具体性同等重要。在对目标函数 Q 进行优化的时候需要满足约束条件 $\varepsilon_i > 0$，并且使全局的信息粒度之和等于 ε，也就是说，$\sum_{i=1}^{c} \varepsilon_i = \varepsilon$。对于特定水平的信息粒度

ε，我们需要在模型的参数空间搜索其可能的分布，并且确定使 $Q(\varepsilon)$ 值达到最大的分配组合。我们可以使用一些全局优化算法，如差分优化算法、遗传算法或者其他基于种群的算法。在本章中，我们使用差分优化算法（Differential Evolution，DE），因为它具有简单的算法框架和较强的优化能力[9]。

在本章实验中，我们将搜索所有可能的 ε 取值空间（从 0 开始到 ε 的上界 ε_{max}，也就是 1），还将记录相应的覆盖率和具体性的值，这些值是对 ε 进行优化后计算出来的。全局的覆盖率和具体性可以通过曲线下面积（Area Under Curve，AUC）指标来进行量化：

$$\text{AUC}_{coverage} = \int_0^1 \text{coverage}(\varepsilon_1, \varepsilon_2, \cdots, \varepsilon_c) \qquad (6-22)$$

$$\text{AUC}_{speificity} = \int_0^1 \text{specificity}(\varepsilon_1, \varepsilon_2, \cdots, \varepsilon_c) \qquad (6-23)$$

$$\text{AUC}_Q = \int_0^1 Q(\varepsilon)\mathrm{d}\varepsilon \qquad (6-24)$$

AUC 指标可以作为粒模糊模型质量的一个全局性指标，AUC 指标的值越高，所对应的粒模糊模型的总体表现也就越好。

6.6 实　　验

在本章中，我们将使用二维合成数据集和来自 UCI 机器学习数据库的一些公开数据集进行实验[10]。每个数据集都按照 70%、10%、20% 的比例随机划分为训练、验证、测试集。当我们基于训练数据集创建了 TS 模糊模型以后，会使用验证数据集来确定对每一个信息粒的最优粒度分配组合（$\varepsilon_1, \varepsilon_2, \cdots, \varepsilon_c$）。当运行 FCM 和特征加权 FCM 算法时，模糊因子 m 和权重的模糊参数 f 都设定为 2.0。算法的最大迭代次数设定为 100，根据我们的观察，聚类算法在到达最大迭代次数之前都已经收敛。当对信息粒度的分配进行优化的时候，我们使用了差分优化算法。差分优化算法的种群大小设定为数据维度的 5 倍，比例因子设定为 0.5，交叉概率设定为 0.9。差分优化算法的最大迭代次数也设定为 100，这个值也足够保证优化算法的收敛。

6.6.1 二维合成数据集

实验所使用的二维合成数据集如图 6.3 所示。在输入空间有 5 组数据，每组数据都由 100 个点组成，这些点围绕着聚类中心呈正态分布。输入变量 x_k

和输出变量 y_k 之间的关系如图 6.3(b) 所示。

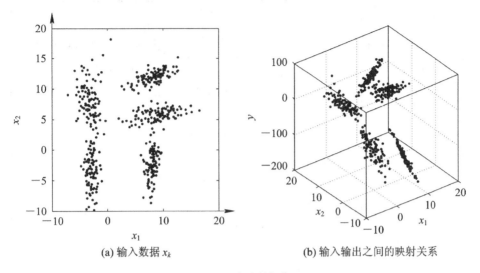

(a) 输入数据 x_k　　　　　　　(b) 输入输出之间的映射关系

图 6.3　合成数据集

表 6.1 列出了当 $c=2,3,5,7$ 和 10 的时候所对应的数值类型中心坐标和相应的权重。训练/验证/测试集所对应的目标函数 J_{RMSE} 的值也在表 6.1 中进行了展示。很显然，具有加权输入空间的 TS 模型比标准 TS 模型具有更低的重建误差，性能的提升在 $9\%\sim26\%$ 之间。随着数值原型数目的增加，目标函数 J_{RMSE} 的值也持续减小。粒模型的总体质量是通过目标函数 $Q(\varepsilon)$ 来进行评价的。在图 6.4 中，我们对比了具有最优粒度分配的 TS 模型的 $Q(\varepsilon)$ 值和信息粒的分配没有进行优化(信息粒的评价分配给每个原型)的 TS 模型的 $Q(\varepsilon)$ 值(训练集的 $Q(\varepsilon)$ 值用实线表示，测试集的用虚线表示。粗线表示具有优化的信息粒度分配的粒模糊模型的 $Q(\varepsilon)$ 值，细线表示信息粒度平均分配的粒模糊模型的 $Q(\varepsilon)$ 值)。图 6.4(a) 展示的是训练集数据的目标函数 $Q(\varepsilon)$ 的值，图 6.4(b) 展示的是测试集数据所对应的目标函数 $Q(\varepsilon)$ 的值。目标函数值的变化趋势很明显：随着总体信息粒的 ε 的增加，训练集和测试集的 $Q(\varepsilon)$ 值都会升高，在 $\varepsilon=0.40$ 时达到最高点。具有加权输入空间的 TS 模型的性能比没有加权输入空间的 TS 模型的性能要更好。通过信息粒度的优化分配，训练集和测试集的目标函数 $Q(\varepsilon)$ 的值也都会得到提升。表 6.2 列出了相应的覆盖率和具体性的 AUC 值，从这些数据可以看出，具有加权输入空间的粒 TS 模型和没有加权输入空间的粒 TS 模型的具体性指标很相似，但是具有加权输入空间的粒 TS 模型具有更高的覆盖率。

表 6.1   数值型模糊模型的结果：训练/验证/测试集所对应的目标函数 J_{RMSE} 的值

	FCM			权重 FCM					J_{RMSE}
c	J_{RMSE} 训练集	J_{RMSE} 验证集	J_{RMSE} 测试集	权重	数值原型	J_{RMSE} 训练集	J_{RMSE} 验证集	J_{RMSE} 测试集	改进比例
2	3.92	4.02	4.13	[0.22 0.78] [0.20 0.80]	[2.32 −2.77] [4.80 9.04]	3.01	3.10	3.24	21%
3	2.95	2.97	3.34	[0.88 0.12] [0.97 0.03] [0.42 0.58]	[8.13 0.30] [−3.16 2.28] [8.30 11.16]	2.97	3.00	3.03	9%
5	2.68	2.51	2.85	[0.91 0.09] [0.08 0.92] [0.97 0.03] [0.73 0.27] [0.16 0.84]	[7.92 −2.37] [9.10 6.02] [−2.96 −2.25] [−3.85 9.38] [8.03 12.05]	2.03	1.95	2.18	23%
7	2.59	2.44	2.88	[0.79 0.21] [0.08 0.92] [0.17 0.83] [0.90 0.10] [0.07 0.93] [0.17 0.83] [0.96 0.04]	[−3.86 9.34] [10.42 6.36] [6.06 11.22] [7.93 −2.64] [5.57 5.18] [9.22 12.57] [−2.99 −2.95]	2.00	2.08	2.13	26%
10	2.36	2.21	2.45	[0.85 0.15] [0.10 0.90] [0.88 0.12] [0.93 0.07] [0.65 0.35] [0.90 0.10] [0.76 0.24] [0.59 0.41] [0.15 0.85] [0.94 0.06]	[−3.02 −6.02] [10.72 6.27] [−3.06 −1.97] [−2.45 6.16] [−4.35 10.84] [7.64 −3.82] [5.10 6.02] [−4.12 7.42] [8.36 12.20] [8.24 0.19]	1.98	2.03	2.10	14%

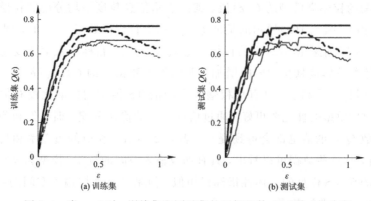

(a) 训练集   (b) 测试集

图 6.4   当 $c=5$ 时，训练集和测试集的目标函数 $Q(\varepsilon)$ 随 ε 的改变

表 6.2　不同的 c 取值所对应的覆盖率和具体性的 AUC 值

c	粒度 TS 模型				权重输入空间＋粒度 TS 模型			
	$AUC_{coverage}$		$AUC_{specificity}$		$AUC_{coverage}$		$AUC_{specificity}$	
	训练集	测试集	训练集	测试集	训练集	测试集	训练集	测试集
2	0.60	0.58	0.79	0.80	0.70	0.68	0.81	0.82
3	0.75	0.68	0.80	0.79	0.74	0.72	0.79	0.79
5	0.72	0.69	0.87	0.87	0.80	0.78	0.87	0.88
7	0.70	0.66	0.88	0.88	0.84	0.81	0.85	0.86
10	0.78	0.72	0.87	0.86	0.87	0.82	0.85	0.85

当 $c=5$ 时，我们通过特征加权模糊聚类算法创建了 5 个信息粒，它们的中心分别位于 $[7.92\ -2.37]$，$[9.10\ 6.02]$，$[-2.96\ -2.25]$，$[-3.85\ 9.38]$ 和 $[8.03\ 12.05]$。可以利用通过粒编码机制形成的编码信息粒来解读这个粒模型。假设输入空间的 x_1 维度被划分成两个三角模糊集，分别被标记为 {nearly zero，high}；x_2 维度被划分成 4 个三角模糊集，分别标记为 {small，medium，high，very high}。这五个信息粒就可以分别被解读为 IG_1(high，nearly zero)，IG_2(very high，nearly zero)，IG_3(small，nearly zero)，IG_4(small，high)，IG_5(high，high)。基于这些信息粒，我们创建下列五条规则：

if $\boldsymbol{x}$ is IG_1, then $y=102.2-26.22\times x_1+8.136\times x_2$,

if $\boldsymbol{x}$ is IG_2, then $y=-8.353+11.37\times x_1+5.999\times x_2$,

if $\boldsymbol{x}$ is IG_3, then $y=-1.607+10.06\times x_1-3.544\times x_2$,

if $\boldsymbol{x}$ is IG_4, then $y=6.056-2.464\times x_1+7.225\times x_2$,

if $\boldsymbol{x}$ is IG_5, then $y=-29.56-4.330\times x_1+3.557\times x_2$.

在 $\varepsilon=0.55$ 时，训练集和测试集所对应的目标函数 $Q(\varepsilon)$ 都达到了最大值，所对应的最优信息粒度分配为 $(\varepsilon_1,\varepsilon_2,\varepsilon_3,\varepsilon_4,\varepsilon_5)=(0.0522,0.1290,0.0488,0.1777,0.1423)$。通过为数值原型分配所对应的信息粒度，所创建的粒原型如图 6.5 所示(粒度原型用方框表示，数值原型用圆圈表示)。

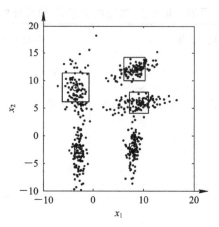

图 6.5 $c=5$ 时二维合成数据集的粒原型

6.6.2   具有偏态分布的合成数据集

图 6.6 展示了一个具有偏态分布的合成数据集。这个数据集由三类数据组成，这三类数据分别用点(400 个)、圆(100 个)和方框(100 个)表示。在用点和方框表示的类之间有着明显的重叠。覆盖率和具体性的 AUC 指标的值参见表 6.3。根据这些 AUC 指标，很容易看出具有加权特征的粒 TS 模型的结果具有更高的覆盖率和具体性。当 $c=3$ 时，特征加权模糊聚类算法产生的原型为 $[4.7365\ 11.7336]$，$[-6.9163\ 9.8356]$ 和 $[5.0825\ 3.9326]$。当 $\varepsilon=0.59$ 时，所对应的粒 TS 模型的目标函数的值达到最大，最优信息粒度分配为 $(\varepsilon_1, \varepsilon_2, \varepsilon_3)=(0.2709, 0.1784, 0.1407)$。所建立的粒原型如图 6.7 所示。

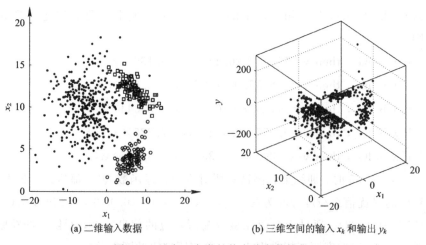

(a) 二维输入数据   (b) 三维空间的输入 x_k 和输出 y_k

图 6.6   具有三个类的偏态分布数据集

表 6.3   具有三类数据的偏态数据集的覆盖率和具体性的 AUC 指标

c	粒度 TS 模型				权重输入空间＋粒度 TS 模型			
	$AUC_{coverage}$		$AUC_{specificity}$		$AUC_{coverage}$		$AUC_{specificity}$	
	训练集	测试集	训练集	测试集	训练集	测试集	训练集	测试集
2	0.58	0.51	0.77	0.64	0.65	0.63	0.77	0.69
3	0.66	0.60	0.77	0.70	0.67	0.64	0.82	0.79
5	0.68	0.65	0.86	0.83	0.70	0.67	0.88	0.85
7	0.70	0.65	0.88	0.84	0.72	0.68	0.87	0.84
10	0.72	0.71	0.89	0.87	0.74	0.73	0.90	0.88

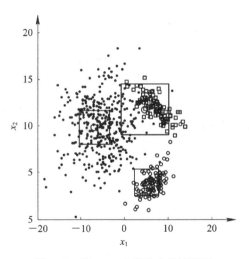

图 6.7   当 $c=3$ 时所形成的粒原型

6.6.3   Concrete Compressive Strength 数据集

Concrete Compressive Strength 数据集来自 UCI 机器学习数据库[10]，它由 1030 组 9 维数据组成，其中包括 8 个输入变量和 1 个输出变量，输出变量是年龄和其他输入变量的一个非线性函数。如图 6.8 所示(实线表示训练集的 J_{RMSE} 的值，虚线表示测试集的 J_{RMSE} 的值)，对于利用特征加权聚类算法建立的数值型 TS 模型来说，随着原型数目的增加，训练集和测试集的目标函数 J_{RMSE} 的值随之减小。对于测试集，在 $c=7$ 的时候，J_{RMSE} 的值是个特例。基于这个数据集的粒 TS 模型的覆盖率和具体性的 AUC 指标请参见表 6.4。随着原型数目的增加，覆盖率和具体性的 AUC 指标也随之升高，这也表明了模型具有更高的覆盖率和具体性。当我们创建没有特征加权的 TS 模型的时候（利用 FCM 算法产生的数值原型），由于矩阵接近奇异矩阵，目标函数 J_{RMSE} 的值变得异常的大。所以当我们试图基于传统的 FCM 算法创建模糊模型失败的时候，特征加权 FCM 算法就成了另一种值得尝试的选择。

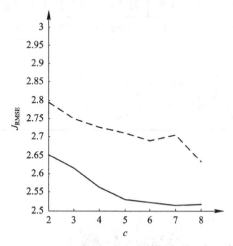

图 6.8　Concrete Compressive Strength 数据集的目标函数 J_{RMSE} 的值

表 6.4　具有加权特征的粒 TS 模型的覆盖率和具体性的 AUC 指标

c	权重输入空间＋粒度 TS 模型			
	$AUC_{coverage}$		$AUC_{specificity}$	
	训练集	测试集	训练集	测试集
2	0.49	0.47	0.71	0.69
3	0.79	0.74	0.71	0.66
4	0.80	0.76	0.75	0.72
5	0.84	0.81	0.78	0.76
6	0.88	0.86	0.86	0.82
7	0.89	0.87	0.88	0.85
8	0.86	0.84	0.88	0.85

6.6.4　Wine Quality(red wine)数据集

Wine Quality 数据集也来自 UCI 机器学习数据库[10]，这个数据集包含两部分，分别用来描述红酒和白酒的特征及级别。这个数据集是用来根据一些理化测试来评估酒水的质量的，它包括 1599 组 11 维数据（10 个输入特征值和 1 个介于

0 到 10 之间的输出值)。当试图优化基于 FCM 算法建立的 TS 模型的参数向量 A_{opt} 时,遇到了和 Concrete Compressive Strength 数据集一样的问题。由于原始数据集的分布和 FCM 产生的数值原型的分布等原因,导致目标函数 J_{RMSE} 的值变得异常的大。当 c 从 2 增长到 6 时,TS 模型的目标函数值持续降低,但是之后,因为矩阵运算遇到的错误,导致 J_{RMSE} 的值突然变大,如图 6.9 所示(实线表示训练集的 J_{RMSE} 的值,虚线表示测试集的 J_{RMSE} 的值)。具有特征加权的粒 TS 模型的覆盖率和具体性的 AUC 指标如表 6.5 所示。当 c 从 2 增长到 6 时,$AUC_{coverage}$ 和 $AUC_{specificity}$ 的值持续增长,在 $c=7$ 时,它们迅速降低。这一现象也与目标函数 J_{RMSE} 的表现一致。

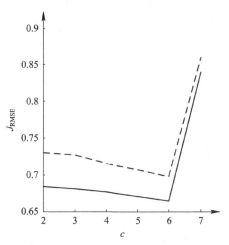

图 6.9　具有特征加权的 TS 模型的目标函数 J_{RMSE} 的值

表 6.5　Wine Quality 数据集的具有特征加权的粒 TS 模型的覆盖率和具体性的 AUC 指标

c	权重输入空间＋粒度 TS 模型			
	$AUC_{coverage}$		$AUC_{specificity}$	
	训练集	测试集	训练集	测试集
2	0.78	0.79	0.68	0.66
3	0.80	0.82	0.70	0.69
4	0.90	0.91	0.78	0.77
5	0.93	0.91	0.84	0.79
6	0.97	0.97	0.91	0.91
7	0.87	0.86	0.80	0.75

6.6.5   **Physicochemical Properties of Protein Tertiary Structure 数据集**

Physicochemical Properties of Protein Tertiary Structure 数据集来自 UCI 机器学习数据库[10]，它包含 45730 组数据，每组数据都有 9 个特征值和 1 个介于 0 到 21 之间的输出变量。图 6.10 列出了具有加权特征的 TS 模糊模型和没有加权特征的 TS 模糊模型的训练集/测试集所对应的目标函数 J_{RMSE} 的值（粗线表示具有加权特征的 TS 模型的目标函数 J_{RMSE} 值，细线表示没有加权特征的 TS 模型的目标函数 J_{RMSE}；细线表示训练集，点线表示测试集）。具有加权特征的 TS 模糊模型具有更小的建模误差。如表 6.6 中的数据所示，具有加权特征的粒 TS 模糊模型也具有更高的 $AUC_{coverage}$ 和 $AUC_{specificity}$ 值。

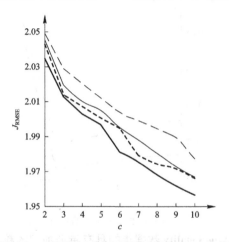

图 6.10   不同的 c 对应的目标函数 J_{RMSE} 的值

表 6.6   具有加权特征的粒 TS 模糊模型的覆盖率和具体性的 AUC 指标

c	粒度 TS 模型				权重输入空间＋粒度 TS 模型			
	$AUC_{coverage}$		$AUC_{specificity}$		$AUC_{coverage}$		$AUC_{specificity}$	
	训练集	测试集	训练集	测试集	训练集	测试集	训练集	测试集
2	0.54	0.58	0.72	0.69	0.54	0.58	0.70	0.66
3	0.66	0.69	0.72	0.71	0.60	0.62	0.77	0.75
4	0.65	0.67	0.80	0.79	0.70	0.71	0.79	0.79
5	0.63	0.64	0.81	0.81	0.70	0.72	0.81	0.80
6	0.61	0.59	0.83	0.84	0.72	0.72	0.86	0.85

续表

c	粒度 TS 模型				权重输入空间＋粒度 TS 模型			
	$AUC_{coverage}$		$AUC_{specificity}$		$AUC_{coverage}$		$AUC_{specificity}$	
	训练集	测试集	训练集	测试集	训练集	测试集	训练集	测试集
7	0.63	0.61	0.86	0.86	0.72	0.74	0.85	0.85
8	0.67	0.66	0.88	0.87	0.73	0.74	0.87	0.87
9	0.64	0.63	0.88	0.85	0.72	0.72	0.88	0.84
10	0.62	0.61	0.87	0.86	0.73	0.72	0.91	0.92

6.7　结　　论

在本章中,通过结合模糊子空间聚类和信息粒度的最优分配,我们设计了一种新颖的粒 TS 模糊模型。通过信息粒度的分配而创建在更高的抽象层次上的模型称为粒模型。与传统的数值型模型相比,粒模型不是以预测的最大精确度为目标,而是希望模型的输出能够覆盖实验数据并且使得输出的结果更具体(为了获得明确的语义)。覆盖率和具体性的 AUC 指标能够帮助我们更好地衡量所建立的粒模型的总体性能。我们可以根据具体问题设计如何在覆盖率和具体性之间寻求一个平衡点。

参 考 文 献

[1] PEDRYCZ W. Allocation of information granularity in optimization and decision-making models：towards building the foundations of granular computing[J]. European Journal of Operational Research，2014，232 (1)：137-145.

[2] PEDRYCZ W, BARGIELA A. An optimization of allocation of information granularity in the interpretation of data structures：toward granular fuzzy clustering[J]. IEEE Transactions on Systems，Man，and Cybernetics，Part B：Cybernetics，2012，42(3)：582-590.

[3] HSU C M, CHEN M S. On the design and applicability of distance functions in high-dimensional data space[J]. IEEE Transactions on Knowledge and Data Engineering, 2009, 21(4): 523 – 536.

[4] Simi Ń ski K. Clustering in fuzzy subspaces[J]. Theoretical and Applied Informatics, 2012, 24(4): 313 – 326.

[5] DENG Z, CHOI K S, JIANG Y, et al. A survey on soft subspace clustering [J]. Information Sciences, 2016, 348(C): 84 – 106.

[6] KELLER A, KLAWONN F. Fuzzy clustering with weighting of data variables[J]. International Journal of Uncertainty, Fuzziness and Knowledge-based Systems, 2000, 8(6): 735 – 746.

[7] WANG J, WANG S, CHUNG F, et al. Fuzzy partition based soft subspace clustering and its applications in high dimensional data[J]. Information Sciences, 2013, 246(14): 133 – 154.

[8] HAN J C, LIN T Y. Granular computing: models and applications[J]. International Journal of Intelligent Systems, 2010, 25(2): 111 – 117.

[9] STORN R, PRICE K. Differential evolution-A simple and efficient heuristic for global optimization over continuous spaces[J]. Journal of Global Optimization, 1997, 11(4): 341 – 359.

[10] LICHMAN M, http://archive. ics. uci. edu/ml[OL/DB], UCI Machine Learning Repository, University of California, Irvine, School of Information and Computer Sciences, 2013.

第 7 章　非平衡数据集的粒度化欠采样

7.1　问题的定义

本章我们要处理的非平衡数据集位于 n 维空间 $\mathbf{R}^n$ 中，其中包括 M_1 个属于多数类 ω_1 的样本和 M_2 个属于稀有类 ω_2 的样本，并且 $M_2 \ll M_1$。换句话说，与类 ω_1 相比，属于类 ω_2 的样本比较稀少，在进行聚类/分类的时候不能很好地代表其类别。我们需要对属于类 ω_1 的样本进行欠采样，以此来平衡两个不同类中样本的比例。在本书中，所有样本的集合用 X 表示。

7.2　相关研究进展

大量非平衡数据集的出现给传统分类器的性能带来了新的挑战。导致传统分类算法在处理非平衡数据集时性能不佳的主要原因是不同类别数据集之间存在严重倾斜，导致某一类别样本比其他类别样本所占的比例更大。不同类别样本数目的不平衡性严重影响了传统分类器的性能。传统分类器为了追求高准确率，往往侧重于非平衡数据集中的多数类样本分类的准确性[1-3]。为了提高分类器对所有类别数据预测的精度，研究者提出了一系列平衡数据样本分布的方法。近年来，针对非平衡数据集的学习问题，研究者提出了许多新的理论和方法，主要包括各种采样方法、算法层面的改进、代价敏感学习法和分类器集成等[2]。

7.2.1　采样方法

抽样方法通过在数据层面改变原非平衡数据集来达到不同类之间样本的平衡分布[4-5]。抽样方法通常是在运行各种学习算法之前进行的，它主要包括三类：欠采样、过采样和混合方法[6]。欠采样方法通过从多数类之中移除数据样本来达到不同类样本的平衡分布，而过采样方法则是通过添加稀有类样本来达到这个目的。近年来，研究者已经设计了各种各样的欠采样和过采样算法，而随机欠采样和随机过采样仍是两种最常用的技术手段。在文献[7]中，Kubat设计了 One-Sided Selection(OSS)算法来对属于多数类的样本的代表性子集进行欠采样。在文献[8]中，Batista 设计了一种集成了 Condensed Nearest Neighbor(CNN)规则和 Tomek 连接的采样方法。在文献[9]中，Chawla 提出了一种 Synthetic Minority Over-sampling Technique(SMOTE)过采样技术，这种算法通过合成一系列属于稀有类的样本来达到过采样目的。在文献[10]中，Majid 还提出了一种基于 k-means 聚类和 SMOTE 的过采样技术，以此构造一个代表数据集对肝癌患者的生存状态进行预测。在文献[11]中，Sukana 提出了一种 Majority Weighted Minority Over-sampling TEchnique(MWMOTE)算法，该算法首先甄别难以学习的稀有类的样本，对其分配相应的权重，最后通过聚类方法来构造新的属于稀有类的样本。在文献[12]中，He 设计了一种自适应的过采样算法来进行样本构造。首先，根据学习的难度，该算法对于稀有类中的样本分配不同的权重；然后基于难以学习的样本来构造更多的合成数据。在文献[13]中，Estabrooks 通过一系列实验详细讨论了过采样技术和欠采样技术哪个更有效的问题。实验数据表明，两种采样技术进行结合的途径对于解决非平衡数据集分类问题更有效。

这些采样技术也有其内在的缺点。因为对于训练集数据的整体结构缺乏系统的了解，随机欠采样技术有可能移除一些重要的样本，而随机过采样技术则有可能引起过度学习问题。其他各种利用了数据集的某些特征信息的采样方法一般都只对处理特定的问题有效。我们经常面临这样的问题：在什么情况下，能对非平衡数据集运用欠采样技术来进行处理呢？对于这个问题没有标准的答案，它取决于我们需要解决的问题及其所属领域。值得注意的一点就是采样技术很直截了当，它们适用于各种分类学习算法而不需要使用者改变基本的学习策略[14]。

7.2.2 算法层面的改进

这一类应对非平衡数据集分类器训练困难的方法主要是通过创造新算法或者改进已有的分类算法来进行的。例如，在文献[15]中，Wu 提出了 class-boundary-alignment 算法来增强支持向量机处理非平衡数据的能力。通过将抽样技术与支持向量机进行集成，基于非对称误分类代价的支持向量机的预测性能得到了极大的提升[16]。在文献[17]中，Su 提出了一种"knowledge acquisition via information granulation"(KAIG)模型，该模型从信息粒的角度来解决数据的非平衡分布问题。

算法层面的改进通常是基于特定问题进行的，这就意味着它们往往只适用于特定类型的分类问题。为了在算法层面对于非平衡数据集的学习问题进行改进，设计者必须对学习算法的本质和问题的应用领域有充分的了解。只用当设计者对于算法在处理非平衡数据时性能不佳的原因有彻底的分析和了解后，才能提出新的有效解决方案[14]。

7.2.3　代价敏感学习策略

代价敏感学习策略通过对属于不同类的样本定义不同的误分类代价，来改进算法对非平衡数据集的学习能力，而不是将所有的误分类代价设定为相同值。通常稀有类样本的误分类代价远大于多数类[18]样本。在文献[19]中，Chawla 提出了在优化准则指导下确定重采样数量的封装模式。在文献[20]中，Elkan 通过对不同类样本误分类赋予不同的惩罚值来改进最佳学习和目标决策问题。实验表明，在数据集具有较高维度并且非平衡率较大的时候，one-class学习策略的性能优于 two-class 方法。

代价敏感学习策略需要使用矩阵来定义对不同类的样本的误分类惩罚值。对于稀有类数据的误分类惩罚通常大于多数类样本。但是在处理现实世界中的各种问题时，这种惩罚代价值通常很难估计或者被定义，算法的设计者往往需要一些特定的知识或者需要进一步的学习来建立这个代价矩阵[14]。

7.2.4　分类器组合策略

分类器组合策略是一种有效的提高分类器精确度和性能的途径。通过组合一系列不同的分类算法，就可以获得比单个分类器更好的预测性能[21]。Boosting和 Bagging 是两种使用最广泛的组合策略[18, 22-23]。在文献[23]中，Seiffert 通过全面的实验对数据采样技术和 Boosting 策略在利用决策树模型识别特定软件模型时候的性能进行了比较。实验结果表明在提高模型的性能方面，Boosting策略的表现优于采样方法。在文献[24]中，Seiffert 还提出了一种结合了随机抽样和 Boosting 的算法 RUSBoost，该方法是在 SMOTEBoost 的基础上进行一些简单改进而形成的[25]。在文献[26]中，Sun 首先将一个非平衡数据集分解成多个不同的数据集，然后基于这些较小的数据集来训练一组分类器，最后根据特定的集成规则来计算分类结果。

Boosting 策略的主要思想就是对那些难以学习的样本，即那些被错误分类的样本，赋予更多的权重[27]。大多数 Boosting 算法通过迭代方式来训练弱分类器并逐步将它们增强为强分类器。当添加了一个弱分类器后，我们需要根据分类结果调整训练集中样本的权重值：降低那些被正确分类样本的权重并且增加那些被错误分类样本的权重。可是在处理现实世界中具有噪声的数据时，这种方法的可用性是值得考量的，有时候这种方法训练的模型的准确率甚至会低于 50%[14]。

7.3　粒计算和信息粒

源于模糊集理论的粒计算已经成为一个新兴的基于信息粒的概念和算法框架[28-31]。粒计算的基本要素是信息粒这一比数字更抽象的实体[28]。信息粒是一系列根据时空、时序或者功能相近性（相似性、临近性等）聚集在一起的元素集合。信息粒是粒计算的基础，粒计算是对信息粒进行描述、构建和处理的领域。构造的比较合理的信息粒具有明确的语义，可以帮助人们对概念进行形式化描述并且能够反映待处理问题的领域知识等。信息粒度对于问题的描述和全局的解决方案也至关重要。信息粒度是系统设计和系统结构最优化配置的一种关键要素，合理的信息粒度有助于让所构建的粒模型更好地描述现实世界系统。构建的比较合理的信息粒都具有特定的信息粒度，能帮助人们更好地关注系统的某一层次的特定细节。当构造信息粒的时候，一个信息粒所集聚的数值数据越多，它对现有数据的描述能力就越强；与此同时，我们也需要所构造的信息粒越具体越好，这样它就具有明确的语义从而容易被解读[32-33]。

在本章中，我们提出了一种基于粒计算视角的欠采样方法。现在生活中，人们通常从某个特定程度的抽象层次来感知世界和进行推理，而不是着眼于单个的数值[28]。对于一个具有不同离散程度的数值数据集而言，当我们基于特定数目的数值样本去构造信息粒的时候，所构造的信息粒越具体（信息粒的尺寸越小，更具有可描述性），这些信息粒的语义就更明确，更能对下一步的处理提供指导意义。如果构造的信息粒具体性比较低，这些信息粒就会失去明确的语义，这样的信息粒就可能被标记为噪声或者离群值，并且被移除出原始数据的粒描述符集合。数据集的粒描述符能够增强对数据集内在结构和拓扑结构描述的完整性，而信息粒度则能够明确地描述数据的离散程度。

7.4　粒度欠采样方法

本书所提出的欠采样方法的关键在于将欠采样技术与基于多数类的样本

所创建的信息粒相结合。接下来，我们将详细讲述信息粒的创建和在粒空间进行欠采样的具体过程。有两个主要的参数来指导整个欠采样过程，即信息粒所包括的数值数据的个数 Q 和对信息粒进行采样的比例 h。在本章的研究中，稀有类对应于其他文献中被称为正类的样本，而多数类则对应于负类。

7.4.1　构造信息粒

假定有一个包含 N 个有限数据的数据集 X，$X = \{(x_1, y_1), (x_2, y_2), \cdots, (x_N, y_N)\}$，其中 $x_i \in R^n$，$y_i \in Y = \{1, -1\}$ 并且 $i = 1, 2, \cdots, N$。首先，围绕每一个属于多数类的样本构造信息粒。所构造的信息粒需要能够反映被选择样本周围数据的特征。当围绕被选择的多数类样本来构造信息粒的时候，以该样本为原点，逐步增大其半径 ρ 直到该信息粒包含特定数目的数值数据。

当计算某个信息粒内所包含的数值数据的数量时，我们采取两种不同的策略。第一种策略是只考虑中心点周围属于多数类的样本，而不考虑稀有类样本的影响。假定被选择的样本为 z，围绕 z 我们创建一个集合信息粒(z)来包含属于多数类的样本。当其半径值为 ρ 时，该信息粒所包含的数据数目通过以下公式计算：

$$\Omega_1(z, \rho) = \mathrm{card}((x_i, y_i) \in X | \, \| x_i - z \| < \rho \text{ and } y_i = -1) \qquad (7-1)$$

该信息粒的几何形状是由式(7-1)中距离公式 $\| \cdot \|$ 的类型所决定的。这里 $\| \cdot \|$ 表示归一化的欧几里得距离，其计算公式为 $\| x - z \|^2 = \sum_{k=1}^{n} (x_k - z_k)^2 / \sigma_k^2$，其中的 σ_k 代表第 k 个变量的标准方差。随着半径 ρ 的增长，信息粒所包含的数据的数量 (z, ρ) 也随之增多。然后我们持续增大该信息粒的半径 ρ 直到其覆盖特定数目 Q 的数值数据。这时候，就完成了该信息粒的构造。

当我们围绕来自多数类的样本构造信息粒时，随着信息粒半径的增大，也有可能覆盖到属于稀有类的样本，所以稀有类样本对信息粒质量的影响也需要被考虑进来。作为第二种策略，当我们计算信息粒所包含的来自多数类的数据样本数量时，需要从 (z, ρ) 中减去其所包含的来自稀有类的样本的数目。该信息粒所包含的"有效"数据样本数量计算如下：

$$\Omega_2(z, \rho) = \max(0, \mathrm{card}((x_i, y_i) \in X | \, \| x_i - z \| < \rho \text{ and } y_i = -1) -$$
$$\mathrm{card}((x_i, y_i) \in X | \, \| x_i - z \| < \rho \text{ and } y_i = 1)) \qquad (7-2)$$

根据以上的公式我们很容易得出这样的结论：如果样本 z 位于两个类的重叠区域，围绕它构造信息粒的时候，该信息粒的尺寸将远大于围绕远离重叠区域的多数类样本所构造的信息粒。这样的信息粒将具有较低的具体性，因此它的"锚点"很有可能在进行欠采样的时候被移除。让我们用图 7.1 中展示的合成数据集做例子来进行信息粒的构造。这个数据集包含两个类，分别用星号(80 个点)和方框(30 个点)表示，它们之间有明显的重叠。我们利用 $z_1 = [4.50 \quad 4.60]$，$z_2 = [6.07 \quad 6.94]$ 和 $z_3 = [7.27 \quad 4.42]$ 作为"锚点"(用圆圈表示)来构造信息粒，这些信息粒分别包括 10 个来自多数类的样本。图 7.1 中围绕 z_1 所构造的信息粒的尺寸最大，因为我们在计算所包含的有效样本数目的时候需要减去其中包含的来自稀有类样本的数目。这个信息粒的具体性最低，所以 z_1 在欠采样的时候很有可能被移除。

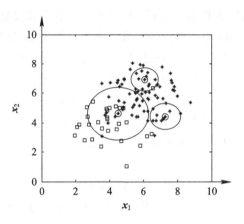

图 7.1　利用第二种策略围绕所选择的"锚点"构造的信息粒

7.4.2　粒数据的欠采样

当构造完成 M_1 个信息粒以后，我们可以评估它们的质量并且选择具有最高具体性的信息粒(即具有较小的半径 ρ 的信息粒)。最优信息粒采样比例并不是事先确定的，而是由所有信息粒的特征来决定的。假设被选择后的信息粒的最大半径为 ρ，此时有比例为 h 的信息粒被采样选择，我们将这个 ρ 标记为 ρ_{opt}。对多数类信息粒进行欠采样后的信息粒集合可以表示为 $G(Q, h; \rho_{opt})$。很显然以这样的方式构造的信息粒集合取决于一个信息粒中所包含的数据的数量和最终的 ρ_{opt} 的值。参数 (Q, h) 的值可以根据具体分类器的性能来进行优化。

7.4.3　数值数据的加权

假设来自多数类的样本 x_k 所对应的信息粒的半径为 ρ_k，我们通过以下公式将信息粒所对应的半径转换为相应的权重值：

$$w_k = \left(1 - \frac{\rho_k - \rho_{\min}}{\rho_{\max} - \rho_{\min}}\right) + 1 \qquad (7-3)$$

公式中的 $\rho_{\max}$ 表示欠采样后的信息粒所具有的最大半径值，而 $\rho_{\min}$ 代表最小半径值。公式背后的基本原理如下：多数类的样本的权重取值位于区间[1, 2]之间，最小值 1 与具有最低具体性的信息粒相关联，而最大值 2 则对应具有最小半径值的信息粒。权重值越大，表明数据 x 越能更好地描述多数类（因为这些数据来自多数类具有最高密度的区域）。我们也可以通过添加一个非负的可调参数 α，$\alpha > 1$，使公式(7-3)具有更高的灵活性，如 $w'_k = \alpha w_k$。在本书中，为了强调所提出的粒度欠采样算法对分类器性能的影响，我们对 α 的值不进行调优，而是默认 $\alpha = 1$。

接下来，这些具有权重的数据 (x_k, w_k)，$k = 1, 2, \cdots, M'_1$ 将被用来训练分类器。这里的 M'_1 代表欠采样后留下的属于多数类的样本的数量。来自稀有类样本的数据的权重值全部被设置为 2。具体的训练过程取决于所采用的分类器。

7.5 分类器和目标函数

7.5.1 基于加权数据的支持向量机

本书中我们将采用一些典型的分类器如支持向量机和 k 近邻算法并且概述其学习过程。我们选择支持向量机是因为与其他分类器相比，它能更好地处理非平衡数据集，这是因为属于多数类的样本和属于少数类的样本的边界是由一小部分支持向量来决定的，从而能在一定程度上缓解非平衡数据集对分类器性能的影响[34]。当两个类之间不存在完美的分隔边界的时候，我们通过引入松弛变量来放宽对于完美分隔超平面这一约束条件的要求。然而，随着属于多数类样本与稀有类样本的比例持续增大，支持向量机的性能也会降低。训练集中数据的倾斜分布会导致形成的类间边界向稀有类一边倾斜，从而严重降低对属于稀有类样本的预测精度，这时候支持向量机会倾向于将所有的样本都预测为多数类[35]。

支持向量机算法是由 Boser 和 Vapnik 提出的[36-37]。因为具有强大的学习能力和良好的性能，它在数据分类和回归分析领域有着极其广泛的应用。假设有一个包含 N 个数据对的训练集 X_{training}，这里 $X_{\text{training}} = \{(x_i, y_i) \mid i = 1, 2, \cdots, N\}$，其中 $x_i \in \mathbf{R}^n$ 并且 $y_i \in \{1, -1\}$ 被用来标识数据 x_i 的类别，$i = 1, 2, \cdots, N$。支持向量机通过在两个类之间搜索一个"最大边际超平面"将具有标签 $y_i = 1$ 的数据与标签值为一1 的数据分隔开。最优的超平面就是使两个类具有最大"边际"的那一个超平面，也就是说，从该超平面到两个类中距离超平面最近的点的距离最大，从而使分类器具有最小的泛化误差。线性分类器的超平面可以定义为 $\boldsymbol{p}^{\mathrm{T}} \cdot \boldsymbol{x} + b = 0$，这里的 $\boldsymbol{p}$ 代表垂直于超平面的法向量（权值向量），b 则表示截距项。线性分类器的决策函数的标准形式如下：

$$f(\boldsymbol{x}_i) = \mathrm{sign}(\boldsymbol{p}^{\mathrm{T}} \cdot \boldsymbol{x}_i + b) \tag{7-4}$$

当测试集数据是线性可分的时候，为了确定定义最优超平面的参数 $\boldsymbol{p}$ 和 b 的值，这个问题被转换成一个约束条件为 $y_i\{\boldsymbol{p}^{\mathrm{T}} \cdot \boldsymbol{x}_i + b\} \geqslant 1$ 的二次优化问题，即

$$\min_{\boldsymbol{p}, b} \frac{1}{2} \parallel \boldsymbol{p} \parallel \tag{7-5}$$

而当数据集不是线性可分的时候，我们可以通过引入 hinge 损失函数将约束条件弱化为

$$\max_{\boldsymbol{p}, b}(0, 1 - y_i(\boldsymbol{p}^{\mathrm{T}} \cdot \boldsymbol{x}_i + b)) \tag{7-6}$$

从而将对最优参数 $(\boldsymbol{p}, b)$ 的搜索转换为下面的最小化问题：

$$\min_{w, b}\left(\left[C \times \sum_{i=1}^{N} \max(0, 1 - y_i(\boldsymbol{p}^{\mathrm{T}} \cdot \boldsymbol{x}_i + b))\right] + \frac{\parallel \boldsymbol{p} \parallel^2}{2}\right) \tag{7-7}$$

这里的 C 是用来确定是满足边界的最大化还是尽量满足分类后数据标签的准确率的平衡参数，其值可通过交叉验证来调优。本书中，我们设定 C 的值等于 1。

当我们使用具有权重值的数据来训练支持向量机的时候，相应的损失函数可以被一般化为

$$\min_{w, b}\left(\left[C \times \sum_{i=1}^{N} \max(0, w_k(1 - y_i(\boldsymbol{p}^{\mathrm{T}} \cdot \boldsymbol{x}_i + b)))\right] + \frac{\parallel \boldsymbol{p} \parallel^2}{2}\right) \tag{7-8}$$

通过引入拉格朗日算子，这个问题可被转化成约束条件为 $\sum_{i=1}^{N} y_i\alpha_i = 0$ 和 $0 \leqslant \alpha_i \leqslant Cw_i$ 的凸优化问题（这里 $i = 1, 2, \cdots, N$）：

$$\min_{\alpha}\left(\frac{1}{2} \sum_{i=1}^{N} \sum_{j=1}^{N} \alpha_i\alpha_j y_i y_j \boldsymbol{x}_i^{\mathrm{T}} \boldsymbol{x}_j - \sum_{i=1}^{N} \alpha_i\right) \tag{7-9}$$

有许多常用的算法，如梯度下降法[38]、坐标下降法[39]可以用来解决这一类凸优化问题。在本书中，我们通过将这个优化问题转换成一个二次优化问题[40]来进行求解。

7.5.2 基于加权数据的 k 近邻算法

k 近邻算法是一种最简单、最基本的分类算法。与支持向量机不同，k 近邻算法是一种基于样本的非参数化学习算法，它不需要事先去训练一个模型。

k 近邻算法的基本原理是将待测试集的类别标记为特征空间中的 k 个最相似（即特征空间中最邻近）样本中的占大多数的样本类别[41]。通常，k 是一个较小的值，k 值的选择是由不同的问题决定的：相对较大的 k 值会降低分类过程中噪声的影响，但是更大的 k 值则意味着分类不是基于局部区域进行的，类间的边界会变得很模糊。最优的 k 值通常介于 3 到 10 之间，我们可以对不同 k 值运行交叉验证算法来确定其最优值。当人们对于数据的分布没有可以利用的先验知识的时候，k 近邻算法通常是一个不错的选择。当数据具有非平衡分布时，k 近邻算法会面临"多数表决"问题。这种情况下，来自多数类的样本由于数量众多，在测试用例的预测中会占主导地位[42]，从而导致稀有类样本预测精度的严重降低。解决方案之一就是对属于多数类的样本进行欠采样。

当使用 k 近邻算法对具有权重的数据进行分类的时候，分类规则需要将其 k 个近邻的不同权重值考虑进来。比如，当 $k=5$ 时，距离某个样本最近的 5 个样本包含 3 个属于多数类 ω_1 的样本，其权重值分别为 1.1、1.5 和 1.2，以及 2 个属于稀有类 ω_2 的样本，其权重值都是 2。这种情况下，这个测试样本被归为稀有类 ω_2，因为 $3.8<4$。

7.5.3　评价准则

传统上，分类准确率是最常用的衡量分类器性能的指标。但是，当基于非平衡数据集进行学习时，仅有这一指标通常是不够的，因为人们对于稀有类数据的预测精度更感兴趣，所以稀有类的分类准确率需要被着重考虑。当需要同时考虑多数类和稀有类的数据的分类准确率的时候，我们可以使用 G-means 指标，它的值是 True Positive Accuracy（$TP_{precision}$，即稀有类样本的预测正确率）和 Ture Negative Accuracy（$TN_{precision}$，即多数类样本的预测正确率）的平方根。通过 G-means 指标，我们就能衡量对两类数据进行分类的平衡准确率。很显然，一个很高的 $TP_{precision}$ 和一个很低的 $TN_{precision}$ 会产生一个较低的 G-means 值。

$$G\text{-means}=\sqrt{TP_{precision}\cdot TN_{precision}} \qquad (7-10)$$

ROC（Receiver Operating Characteristics）曲线是另一种很有意义的性能指标，它能很形象地同时显示出多个分类器的 $TP_{precision}$ 和 $TN_{precision}$ 性能指标之间的折中度。这条曲线越靠近左边和顶部的边缘，说明分类器的性能越好。此外，我们可以用 ROC 的曲线下面积 AUC（Area Under the Curve）来衡量分类器的性能。AUC 的值是一个标量，它的值越大，说明分类器的分类准确率越高。

在本书中，我们使用 5 种不同的性能指标，包括总体准确率、True Positive

Accuracy($TP_{precision}$)、True Negative Accuracy($TN_{precision}$)、G-means 和 AUC 等，来衡量基于粒度欠采样方法的支持向量机和 k 近邻算法的性能。

7.6 实 验

7.6.1 二维合成数据集

首先，我们利用一个具有倾斜分布的二维合成数据集来进行实验。该二维合成数据集如图 7.2(a)所示，其中包含两类数据，分别用方框(40 个点，稀有类)和星号(200 个点，多数类)表示。这两类数据之间有明显的重叠，导致传统的支持向量机在处理这样的数据集的时候往往具有较高的错误分类率。当我们对原数据集运行传统的支持向量机算法时，总体分类准确率为 0.93，$TN_{precision}$ 等于 0.95，而 $TP_{precision}$ 此时为 0.81。此时，相应的 G-means 指标的值为 0.88，这些性能指标总体偏低。为了提高 G-means 指标的值，我们需要提高对于稀有类样本的预测精度。在构造信息粒的时候，我们采用的是前文中提及的第二种策略，也就是在计算 (z, ρ) 的值的时候需要考虑到属于稀有类的样本的影响。进行粒度欠采样后的数据如图 7.2(b)所示。很显然，很大一部分位于重叠区域的属于多数类的样本被移除了。使用欠采样后的数据训练的支持向量机的性能如表 7.1 所示。当 $Q=3$ 并且 $h=0.60$ 的时候，G-means 到达了最优值 0.95。基于欠采样数据训练的支持向量机的 G-means 性能指标比基于原始数据集的支持向量机提高了 7%。我们也对多数类采用了随机欠采样。当欠采样比例为 0.55 的时候，G-means 性能指标达到了最优值 0.93，此时 $TP_{precision}=0.98$，$TN_{precision}=0.89$。通过比较，可以看出粒度欠采样方法的性能优于随机欠采样方法。

当运行 k 近邻算法时，对于 1 到 10 之间的所有 k 的取值，我们都运行 10-折交叉验证来确定最优的 k 的取值。对原始数据集运行 k 近邻算法，当 $k=5$ 时，G-means性能指标的值达到最优。此时 $TN_{precision}$ 为 0.95，$TP_{precision}$ 等于 0.84，而 G-means的值等于 0.89。当 $(k, Q, h)=(4, 7, 0.75)$时，基于粒度欠采样(欠采样时使用策略 1)的 k 近邻算法的性能达到最优。此时 G-means 等于 0.94，$TP_{precision}$ 等于 0.95，而 $TN_{precision}$ 等于 0.93。而当采用第二种欠采样策略的时候，当 $(k, Q, h)=(3, 9, 0.55)$时，分类器的性能达到最优，G-means、$TP_{precision}$ 和 $TN_{precision}$ 的值分别为 0.94、0.97 和 0.91。

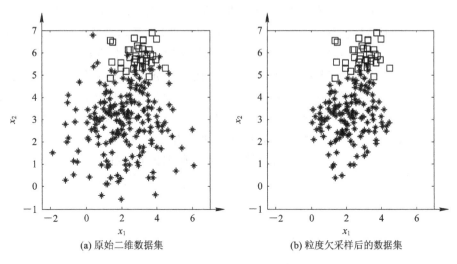

(a) 原始二维数据集　　　　　　　(b) 粒度欠采样后的数据集

图 7.2 具有两个类的非平衡数据

表 7.1 粒度欠采样后的数据训练的 SVM 的性能

Q	h	0.90	0.80	0.75	0.70	0.65	0.60	0.55
2	$TP_{precision}$	0.89±0.07	0.92±0.05	0.89±0.04	0.92±0.04	0.92±0.05	0.97±0.02	0.94±0.03
	$TN_{precision}$	0.92±0.02	0.92±0.02	0.91±0.03	0.92±0.02	0.94±0.01	0.90±0.03	0.91±0.02
	G-means	0.91±0.03	0.92±0.03	0.90±0.01	0.92±0.03	0.93±0.03	0.94±0.02	0.93±0.02
3	$TP_{precision}$	0.89±0.05	0.93±0.05	0.93±0.02	0.97±0.02	0.94±0.07	0.97±0.02	0.96±0.02
	$TN_{precision}$	0.93±0.01	0.92±0.02	0.92±0.03	0.91±0.02	0.92±0.02	0.92±0.02	0.92±0.02
	G-means	0.91±0.03	0.92±0.03	0.93±0.02	0.94±0.01	0.93±0.03	0.95±0.01	0.94±0.02
5	$TP_{precision}$	0.86±0.05	0.93±0.02	0.94±0.03	0.96±0.03	0.94±0.04	0.97±0.02	0.97±0.03
	$TN_{precision}$	0.93±0.02	0.91±0.02	0.93±0.01	0.92±0.01	0.93±0.01	0.91±0.01	0.92±0.03
	G-means	0.90±0.03	0.92±0.01	0.93±0.01	0.94±0.01	0.94±0.02	0.94±0.01	0.94±0.02
8	$TP_{precision}$	0.84±0.06	0.92±0.04	0.95±0.02	0.96±0.03	0.93±0.06	0.92±0.04	0.94±0.03
	$TN_{precision}$	0.92±0.01	0.91±0.02	0.91±0.02	0.92±0.02	0.93±0.01	0.91±0.02	0.91±0.02
	G-means	0.88±0.03	0.92±0.02	0.93±0.01	0.94±0.01	0.93±0.03	0.91±0.02	0.92±0.02

7.6.2 机器学习数据集

我们还利用一组来自机器学习数据库 UCI Machine Learning Repository[43] 和

Keel Data Set Repository[44]的具有不同非平衡率的数据集来验证本书所提出的粒度欠采样的有效性。表7.2展示了本章所用到的非平衡数据集的各种特征，包括样本数量(♯Ins.)，特征值数量(♯Fea.)，属于多数类的样本的数量(♯Maj.)和稀有类的样本数量(♯Min.)，以及非平衡比例(IR，定义为属于多数类样本的数量和稀有类样本数量的比例)。在本书中，我们只讨论具有两类数据的非平衡数据集的分类问题。当某个数据集具有多于两个类的样本数据时候，我们将具有最少样本个数的类作为稀有类，而将其他的数据都作为多数类。

表 7.2 实验中用的非平衡数据集的特征

数据集	♯ Ins.	♯ Fea.	♯ Maj.	♯ Min.	IR
heart	270	13	150	120	1.25
wisconsin	683	9	444	239	1.86
pima	768	8	500	268	1.86
haberman	306	3	225	81	2.78
vehicle2	846	18	628	218	2.88
glass	214	5	163	51	3.20
new_thyroid1	215	5	180	35	5.14
ecoli2	336	7	284	52	5.46
yeast3	1484	8	1321	163	8.10
ecoli3	336	7	301	35	8.60
yeast_2_vs_4	514	8	463	51	9.08
vowel0	988	13	898	90	9.98

为了充分衡量粒度欠采样方法的有效性，我们在实验中采取了10-折交叉验证。对于每一个数据集，我们通过随机的方法将其划分为测试和训练集，每一组实验都重复10次。为了比较粒度欠采样方法对于分类器性能的影响，我们通过以下方式进行实验：

(1) 对原始数据集运行支持向量机算法；

(2) 对随机欠采样的数据集运行支持向量机算法(p表示最优的欠采样比例)；

(3) 对用策略1进行粒度欠采样的数据运行支持向量机算法；

(4) 对用策略2进行粒度欠采样的数据运行支持向量机算法。

　　因为欠采样过程中围绕多数类的样本构造的信息粒受参数(Q, h)的影响，为了确定使 G-means 性能指标最优的信息粒半径值 ρ_{opt} 和相应的参数(Q_{opt}, h_{opt})，我们将评估不同的(Q, h)值对于分类器性能的影响。Q 的取值范围为 1 到 10。我们以 0.05 的步长对从 0.50 到 1.00 之间的 h 值进行实验。对于每一个可能的参数(Q, h)的组合，我们创建相应的信息粒，并且用欠采样后的具有权重的数据对分类器进行训练。理论上，基于粒度欠采样数据训练的分类器性能应该不低于基于随机欠采样方法训练的分类器性能，因为当 Q 等于 1 的时候，粒度欠采样方法就退化为了随机欠采样方法。

　　在表 7.3 中，我们列出了基于原始数据集训练的支持向量机的总体准确率：True Positive Accuracy（$TP_{precision}$）、True Negative Accuracy（$TN_{precision}$）和相应的 G-means 性能指标的平均值和标准方差。基于随机欠采样方法训练的支持向量机的性能也在表 7.3 中进行了展示。在表 7.4 中，我们统计并列出了基于粒度欠采样方法训练的支持向量机的各项性能指标的值。我们记录了使得 G-means 性能指标达到最优的参数组合（Q_{opt}, h_{opt}），以及此时相应的全局准确率，True Positive Accuracy（$TP_{precision}$）和 True Negative Accuracy（$TN_{precision}$）。根据实验结果，我们很容易看出基于粒度欠采样后的数据训练的支持向量机的性能优于基于随机欠采样方法的支持向量机。尤其是在处理 Haberman 数据集的时候，由于稀有类和多数类的样本分布有比较严重的交叉重叠，基于原始数据集的支持向量机将所有的属于稀有类的样本都划分为多数类。但是基于粒度欠采样后的数据集训练的支持向量机就表现良好，True Negative Accuracy 和 True Positive Accuracy 分别达到了 0.7244 和 0.6420。在大多数情况下，基于这两种不同的策略构建的信息粒对于分类器的性能影响差别不大，基于采样后数据训练的分类器基本都表现出良好性能。

　　表 7.5 列出了基于原始数据集、随机欠采样方法、粒度欠采样方法训练的支持向量机的 AUC 最优值。这些实验结果也表明了粒度欠采样方法在处理具有不同非平衡率的数据集时，其性能优于随机欠采样。括号中的值表示基于粒度欠采样方法训练的支持向量机比基于随机欠采样方法训练的支持向量机性能提高的百分比。根据这些数据，我们看出，基于策略 2 进行欠采样后的数据集训练的支持向量机的性能更稳定一些。对于除 ecoli3、yeast_2_vs_4 和 vowel0 之外的数据集来说，基于粒度欠采样方法训练的支持向量机会大大提高稀有类的预测精度。除 yeast_2_vs_4 以外，对于其他所有的数据集来说，基于粒度欠采样方法训练的支持向量机的 G-means 性能指标优于基于随机欠采样方法训练的支持向量机。

表 7.3　基于原始数据集的 SVM 和基于随机欠采样数据的 SVM 的性能指标

数据集	支持向量机＋原始数据			
	准确率	$TP_{precision}$	$TN_{precision}$	G-means
heart	0.82±0.02	0.85±0.02	0.78±0.04	0.81±0.02
wisconsin	0.97±0.00	0.95±0.01	0.97±0.00	0.96±0.00
pima	0.76±0.01	0.54±0.02	0.88±0.01	0.69±0.02
haberman	0.72±0.01	0.02±0.02	0.98±0.01	0.09±0.09
vehicle2	0.97±0.01	0.94±0.03	0.98±0.00	0.96±0.02
glass	0.92±0.02	0.80±0.04	0.96±0.01	0.88±0.03
new_thyroid1	0.98±0.01	0.95±0.04	0.99±0.01	0.97±0.02
ecoli2	0.90±0.02	0.62±0.07	0.96±0.01	0.77±0.05
yeast3	0.93±0.01	0.58±0.10	0.97±0.00	0.75±0.06
ecoli3	0.93±0.01	0.61±0.08	0.97±0.01	0.77±0.05
yeast_2_vs_4	0.95±0.00	0.62±0.06	0.99±0.00	0.78±0.03
vowel0	0.97±0.00	0.77±0.04	0.99±0.00	0.87±0.02

数据集	支持向量机＋随机欠采样数据				
	准确率	$TP_{precision}$	$TN_{precision}$	G-means	p
heart	0.83±0.02	0.85±0.03	0.81±0.02	0.83±0.02	0.70
wisconsin	0.97±0.00	0.98±0.00	0.96±0.00	0.97±0.00	0.70
pima	0.76±0.02	0.72±0.05	0.78±0.01	0.75±0.02	0.85
haberman	0.73±0.02	0.45±0.04	0.84±0.03	0.61±0.03	0.60
vehicle2	0.96±0.00	0.96±0.00	0.96±0.00	0.96±0.00	0.75
glass	0.93±0.02	0.88±0.05	0.94±0.02	0.91±0.03	0.80
new_thyroid1	0.99±0.01	0.99±0.01	0.99±0.01	0.99±0.01	0.90
ecoli2	0.87±0.01	0.87±0.01	0.86±0.01	0.91±0.01	0.90
yeast3	0.90±0.01	0.87±0.04	0.90±0.01	0.89±0.02	0.70
ecoli3	0.88±0.02	0.89±0.04	0.88±0.02	0.89±0.02	0.95
yeast_2_vs_4	0.91±0.02	0.88±0.03	0.92±0.01	0.90±0.02	0.85
vowel0	0.96±0.01	0.97±0.01	0.96±0.01	0.96±0.01	0.80

表 7.4　最优 G—means 值相应的精确性指标的平均值和方差以及最优的参数组合 (Q_{opt}, h_{opt}) 值

数据集	支持向量机＋粒度欠采样数据 1				
	准确率	$TP_{precision}$	$TN_{precision}$	G-means	(Q, h)
heart	0.85±0.02	0.90±0.02	0.78±0.03	0.84±0.02	(8, 0.95)
Wisconsin	0.97±0.00	1.00±0.00	0.96±0.00	0.98±0.00	(2, 0.85)
pima	0.75±0.02	0.79±0.03	0.73±0.03	0.76±0.02	(8, 0.70)
Haberman	0.71±0.01	0.60±0.05	0.76±0.02	0.67±0.02	(4, 0.50)
vehicle2	0.97±0.00	0.96±0.01	0.97±0.00	0.97±0.00	(6, 0.80)
glass	0.92±0.01	0.97±0.02	0.90±0.02	0.94±0.01	(5, 0.60)
new_thyroid1	0.99±0.01	1.00±0.00	0.99±0.01	0.99±0.01	(5, 0.55)
ecoli2	0.88±0.02	0.94±0.05	0.86±0.02	0.90±0.02	(7, 0.50)
yeast3	0.90±0.00	0.88±0.02	0.90±0.00	0.89±0.01	(5, 0.55)
ecoli3	0.90±0.02	0.87±0.04	0.91±0.02	0.89±0.02	(6, 0.60)
yeast_2_vs_4	0.94±0.01	0.84±0.06	0.95±0.01	0.89±0.03	(5, 0.50)
vowel0	0.94±0.01	0.96±0.01	0.94±0.01	0.95±0.00	(6, 0.50)
数据集	支持向量机＋粒度欠采样数据 2				
	准确率	$TP_{precision}$	$TN_{precision}$	G-means	(Q, h)
heart	0.83±0.02	0.91±0.02	0.73±0.04	0.81±0.02	(2, 0.75)
Wisconsin	0.98±0.00	0.99±0.01	0.97±0.01	0.98±0.00	(3, 0.95)
pima	0.74±0.01	0.77±0.02	0.72±0.03	0.75±0.01	(3, 0.70)
Haberman	0.70±0.01	0.60±0.06	0.74±0.03	0.67±0.02	(6, 0.50)
vehicle2	0.97±0.01	0.97±0.00	0.97±0.00	0.97±0.00	(4, 0.65)
glass	0.93±0.01	0.98±0.02	0.91±0.01	0.94±0.01	(4, 0.75)
new_thyroid1	0.99±0.00	1.00±0.00	0.99±0.01	0.99±0.01	(3, 0.75)
ecoli2	0.88±0.01	0.91±0.03	0.88±0.02	0.90±0.01	(4, 0.65)
yeast3	0.90±0.01	0.88±0.01	0.91±0.01	0.89±0.01	(6, 0.55)
ecoli3	0.89±0.01	0.88±0.05	0.89±0.01	0.89±0.02	(6, 0.65)
yeast_2_vs_4	0.96±0.02	0.79±0.04	0.98±0.02	0.88±0.03	(8, 0.80)
vowel0	0.97±0.00	0.95±0.02	0.97±0.00	0.96±0.01	(8, 0.70)

我们以同样的实验方式对这些非平衡数据集运用 k 近邻算法来进行分类。表 7.6 列出了不同的采样策略的 k 近邻算法的 G-means 性能指标。括号中的值是使 G-means 性能指标达到最优的 k 值以及相应的欠采样相关的参数值。从这些数据可以看出，基于随机欠采样方法的 k 近邻算法的性能只是稍微优于

基于原始数据集的 k 近邻算法。基于两种粒度欠采样策略的 k 近邻算法的性能基本一致，而且明显优于基于随机欠采样方法的 k 近邻算法。对于数据集 heart、pima、haberman、vehicle2 和 ecoli3 来说，G-means 性能指标的提升比例在 10% 以上。

表 7.5 基于不同的策略训练的 SVM 的 AUC 最优值

准确率	支持向量机 原始数据	支持向量机 随机欠采样	支持向量机 粒度欠采样策略 1	支持向量机 粒度欠采样策略 2
heart	0.8508	0.8837	0.9116(3.1%)	0.9347(5.7%)
wisconsin	0.9718	0.9738	0.9978(2.4%)	0.9979(2.4%)
pima	0.7256	0.7334	0.7980(8.8%)	0.8359(13.9%)
haberman	0.5057	0.6053	0.6680(10.3%)	0.6812(12.5%)
vehicle2	0.9621	0.9687	0.9742(0.5%)	0.9703(0.1%)
glass	0.9160	0.9499	0.9868(3.8%)	0.9878(3.9%)
new_thyroid1	0.9829	0.9892	0.9969(0.7%)	0.9961(0.6%)
ecoli2	0.7936	0.8108	0.8633(6.5%)	0.9156(12.9%)
yeast3	0.8472	0.8587	0.8602(0.1%)	0.8975(4.5%)
ecoli3	0.7977	0.8222	0.8282(0.7%)	0.8906(8.3%)
yeast_2_vs_4	0.8465	0.8499	0.8690(2.2%)	0.8989(5.7%)
vowel0	0.8944	0.9191	0.9253(0.6%)	0.9283(1.0%)

表 7.6 基于不同的策略运行 KNN 算法时各数据集
的最优 G-means 值和相应的参数

数据集	最近邻算法原始数据		最近邻算法随机采样	
	G-means	(k)	G-means	(k, p)
heart	0.67±0.04	(9)	0.67±0.04	(5, 0.80)
wisconsin	0.97±0.01	(5)	0.97±0.01	(9, 0.60)
pima	0.67±0.01	(7)	0.69±0.03	(9, 0.70)
haberman	0.49±0.04	(3)	0.57±0.02	(1, 0.90)
vehicle2	0.89±0.01	(3)	0.90±0.01	(1, 0.95)
glass	0.95±0.01	(1)	0.96±0.02	(1, 0.85)
new_thyroid1	0.96±0.01	(1)	0.97±0.02	(1, 0.90)
ecoli2	0.94±0.01	(5)	0.94±0.02	(8, 0.65)
yeast3	0.88±0.01	(2)	0.88±0.02	(7, 0.70)
ecoli3	0.81±0.05	(7)	0.82±0.01	(5, 0.75)
yeast_2_vs_4	0.82±0.04	(6)	0.86±0.02	(1, 0.90)
vowel0	1.00±0.00	(2)	0.86±0.02	(1, 0.80)

续表

数据集	最近邻算法 粒度欠采样策略 1		最近邻算法 粒度欠采样策略 2	
	G-means	(k, Q, h)	G-means	(k, Q, h)
heart	0.84 ± 0.02	$(9, 2, 0.90)$	0.84 ± 0.04	$(5, 9, 0.75)$
wisconsin	0.98 ± 0.00	$(3, 4, 0.70)$	0.98 ± 0.00	$(2, 5, 0.85)$
pima	0.74 ± 0.01	$(3, 2, 0.60)$	0.74 ± 0.01	$(3, 2, 0.70)$
haberman	0.68 ± 0.02	$(3, 3, 0.75)$	0.69 ± 0.02	$(3, 7, 0.65)$
vehicle2	0.97 ± 0.00	$(2, 5, 0.85)$	0.97 ± 0.00	$(2, 2, 0.85)$
glass	0.94 ± 0.02	$(2, 8, 0.90)$	0.95 ± 0.01	$(2, 4, 0.70)$
new_thyroid1	0.99 ± 0.00	$(2, 4, 0.65)$	0.99 ± 0.00	$(2, 2, 0.75)$
ecoli2	0.95 ± 0.02	$(4, 4, 0.90)$	0.95 ± 0.01	$(3, 6, 9.85)$
yeast3	0.90 ± 0.01	$(2, 4, 0.70)$	0.91 ± 0.02	$(2, 4, 0.65)$
ecoli3	0.90 ± 0.03	$(4, 9, 0.55)$	0.90 ± 0.04	$(4, 7, 0.65)$
yeast_2_vs_4	0.91 ± 0.03	$(2, 9, 0.60)$	0.91 ± 0.01	$(2, 5, 0.55)$
vowel0	1.00 ± 0.00	$(2, 2, 0.90)$	0.91 ± 0.01	$(2, 3, 0.90)$

7.7　结　　论

　　本书中，我们提出了一种新颖的粒度欠采样算法。该算法从信息粒的角度出发对数据进行欠采样，以期解决数据不平衡引起的分类器性能降低这一问题。传统的随机欠采样方法可能会导致非平衡数据集中重要信息的丢失，从而严重影响所训练分类器的性能。为了补偿欠采样方法可能造成的信息损失，我们首先构造一组信息粒，利用信息粒的具体性指标来指导欠采样过程，并且为每个数据赋予不同的权重值，这些措施都有效地提升了分类器的性能。通过利用 UCI Machine Learning Repository 和 Keel Data Set Repository 的数据集进行实验的结果也表明，本书所提出的欠采样方法的表现优于传统的数据欠采样方法。

参 考 文 献

[1]　NAPIERALA K，STEFANOWSKI J. Types of minority class examples

and their influence on learning classifiers from imbalanced data[J]. Journal of Intelligent Information Systems, 2016, 46(3): 563 - 597.

[2] KRAWCZYK B. Learning from imbalanced data: open challenges and future directions[J]. Progress in Artificial Intelligence, 2016, 5(4): 221 - 232.

[3] HE H, MA Y. Imbalanced learning: foundations, algorithms, and applications [M]. John Wiley and Sons, Inc. , 2013.

[4] HE H,GARCIA E A. Learning from imbalanced data[J]. IEEE Transactions on Knowledge and Data Engineering, 2009, 21(9): 1263 - 1284.

[5] YU H, NI J, ZHAO J. ACOSampling: an ant colony optimization-based undersampling method for classifying imbalanced DNA microarray data [J]. Neurocomputing, 2013, 101(2): 309 - 318.

[6] ALIBEIGI M, HASHEMI S, HAMZEH A. DBFS: an effective density based feature selection scheme for small sample size and high dimensional imbalanced data sets[J]. Data and Knowledge Engineering, 2012, 81 - 82(4): 67 - 103.

[7] KUBAT M, MATWIN S. Addressing the curse of imbalanced training sets: one-sided selection [C]. International Conference on Machine Learning. 1997: 179 - 186.

[8] BATISTA G E A P A, PRATI R C, MONARD M C. A study of the behavior of several methods for balancing machine learning training data [J]. ACM SIGKDD Explorations Newsletter, 2004, 6(1): 20 - 29.

[9] CHAWLA N V, BOWYER K W, HALL L O, et al. SMOTE: synthetic minority over-sampling technique[J]. Journal of Artificial Intelligence Research, 2002, 16(1): 321 - 357.

[10] MAJID A, ALI S, IQBAL M, et al. Prediction of human breast and colon cancers from imbalanced data using nearest neighbor and support vector machines [J]. Computer Methods & Programs in Biomedicine, 2014, 113(3): 792 - 808.

[11] BARUA S, ISLAM M M, YAO X, et al. mWMOTE-majority weighted minority oversampling technique for imbalanced data set learning[J]. IEEE Transactions on Knowledge and Data Engineering, 2013, 26(2): 405 - 425.

[12] HE H, BAI Y, GARCIA E A, et al. ADASYN: adaptive synthetic

sampling approach for imbalanced learning[C]. IEEE International Joint Conference on Neural Networks, 2008: 1322 - 1328.

[13]　ESTABROOKS A. A multiple resampling method for learning from imbalanced data sets[J]. Computational Intelligence, 2010, 20(1): 18 - 36.

[14]　YANMIN S, ANDREW K C W, MOHAMED S K. Classification of imbalanced data: a review[J]. International Journal of Pattern Recognition and Artificial Intelligence, 2009, 23(04): 687 - 719.

[15]　WU G, CHANG E Y. Class-boundary alignment for imbalanced dataset learning[C]. ICML Workshop on Learning from Imbalanced Data Sets, 2003: 49 - 56.

[16]　WANG B X, JAPKOWICZ N. Boosting support vector machines for imbalanced data sets[J]. Knowledge and Information Systems, 2010, 25(1): 1 - 20.

[17]　SU C T, CHEN L S, YIH Y. Knowledge acquisition through information granulation for imbalanced data[J]. Expert Systems with Applications, 2006, 31(3): 531 - 541.

[18]　SUN Y, KAMEL M S, WONG A K C, et al. Cost-sensitive boosting for classification of imbalanced data[J]. Pattern Recognition, 2007, 40(12): 3358 - 3378.

[19]　CHAWLA N V, CIESLAK D A, HALL L O, et al. Automatically countering imbalance and its empirical relationship to cost[J]. Data Mining and Knowledge Discovery, 2008, 17(2): 225 - 252.

[20]　ELKAN C. The foundations of cost-sensitive learning[C]. The 17th International Joint Conference on Artificial Intelligence, 2001: 973 - 978.

[21]　ROKACH L. Ensemble-based classifiers[J]. Artificial Intelligence Review, 2010, 33(1 - 2): 1 - 39.

[22]　GALAR M, FERNANDEZ A, BARRENECHEA E, et al. A review on ensembles for the class imbalance problem: bagging, boosting, and hybrid-based approaches[J]. IEEE Transactions on Systems Man and Cybernetics Part C: Applications and Reviews, 2012, 42(4): 463 - 484.

[23]　SEIFFERT C, KHOSHGOFTAAR T M, HULSE J V. Improving software-quality predictions with data sampling and boosting[J]. IEEE Transactions on Systems, Man, and Cybernetics-Part A: Systems and

Humans, 2009, 39(6): 1283 – 1294.

[24] SEIFFERT C, KHOSHGOFTAAR T M, HULSE J V, et al. RUSBoost: A hybrid approach to alleviating class imbalance [J]. IEEE Transactions on Systems Man and Cybernetics Part A: Systems and Humans, 2010, 40(1): 185 – 197.

[25] CHAWLA N V, LAZAREVIC A, Hall L O, et al. SMOTEBoost: Improving prediction of the minority class in boosting [J]. Lecture Notes in Computer Science, 2003, 2838: 107 – 119.

[26] SUN Z, SONG Q, ZHU X, et al. A novel ensemble method for classifying imbalanced data[J]. Pattern Recognition, 2015, 48(5): 1623 – 1637.

[27] FREUND Y, SCHAPIRE R E. Experiments with a new boosting algorithm [C]. Proceedings of ICML, 1996, 13: 148 – 156.

[28] PEDRYCZ W. Granular computing-the emerging paradigm[J]. Journal of Uncertain Systems, 2007, 1(1): 38 – 61.

[29] PEDRYCZ W. Granular Computing: analysis and Design of Intelligent Systems[M]. CRC Press, 2013.

[30] ZADEH L A. Towards a theory of fuzzy information granulation and its centrality in human reasoning and fuzzy logic[J]. Fuzzy Sets and Systems, 1997, 90(2): 111 – 117.

[31] ZADEH L A. Toward a generalized theory of uncertainty (GTU)-An outline[J]. Information Science, 2005, 172(1 – 2): 1 – 40.

[32] ZHU X, PEDRYCZ W, LI Z. Granular data description: designing ellipsoidal information granules[J]. IEEE Transactions on Cybernetics, 2017, 47(12): 4475 – 4484.

[33] PEDRYCZ W, HOMENDA W. Building the fundamentals of granular computing: a principle of justifiable granularity[J]. Applied Soft Computing, 2013, 13(10): 4209 – 4218.

[34] JAPKOWICZ N, STEPHEN S. The class imbalance problem: a systematic study[M]. IOS Press, 2002, 6(5): 429 – 450.

[35] JIAN C, GAO J, AO Y. A new sampling method for classifying imbalanced data based on support vector machine ensemble[J]. Neurocomputing, 2016, 193(C): 115 – 122.

[36] BOSER B E, GUYON I M, VAPNIK V N. A training algorithm for optimal margin classifiers[C]. The Workshop on Computational Learning

Theory，ACM，1992：144－152.

[37] CHERKASSKY V，MULIER F. Statistical learning theory[J]. Encyclopedia of the Sciences of Learning，1998，41(4)：3185－3185.

[38] ZHANG T. Solving large scale linear prediction problems using stochastic gradient descent algorithms[C]. International Conference on Machine Learning，Omnipress，2004：116.

[39] HSIEH C J，CHANG K W，LIN C J，et al. A dual coordinate descent method for large-scale linear SVM[C]. ICML，2008：408－415.

[40] SHALEV-SHWARTZ S，SINGER Y，SREBRO N. Pegasos：primal estimated sub-gradient solver for SVM[C]. Machine Learning，Proceedings of the Twenty-Fourth International Conference，2007：807－814.

[41] DUDA R O，HART P E. Pattern classification and scene analysis[M]. Wiley，1973.

[42] COOMANS D，MASSART D L. Alternative k-nearest neighbour rules in supervised pattern recognition：part 1. k-nearest neighbour classification by using alternative voting rules[J]. Analytica Chimica Acta，1982，136(APR)：15－27.

[43] LICHMAN M，http://archive. ics. uci. edu/ml[OL/DB]，UCI Machine Learning Repository，University of California，Irvine，School of Information and Computer Sciences，2013.

[44] ALCALÁ-FDEZ J，FERNÁNDEZ A，LUENGO J，et al. KEEL data-mining software tool：data set repository，integration of algorithms and experimental analysis framework[J]. Journal of Multiple-Valued Logic and Soft Computing，2011，17：255－287.

第8章　总结与展望

在对复杂系统和数据分析的认知、建模和分析处理中，信息粒、信息粒度和对信息粒的处理无处不在。信息粒在人类的认知和决策活动中起着重要作用。它是通过一定程度的抽象形成的，并且通常具有层次状结构：根据问题的复杂度、可用的计算资源和一些其他因素，可以对同一个问题在不同的细节层面上来进行分析和处理。这些简单的事实也让我们意识到：

（1）信息粒是知识表示和处理的关键组成部分；

（2）信息粒度（细节的展现程度）对于问题的描述和总体的解决策略至关重要；

（3）通过采用层次结构的信息粒，就可以关注一个问题的特定方面，进而来有效地处理复杂问题；

（4）没有普适的信息粒度，信息粒的大小通常是根据要解决的问题和用户需求决定的。

基于这些结论，本书主要对信息粒的编码解码、信息粒度以及其合理分配问题等一系列粒计算的基本问题展开研究，并且讨论了粒模型的建立以及信息粒在分类问题中的应用。

8.1　主要工作总结

本书的主要工作和创新点如下：

（1）本书通过利用 possibility/necessity 关系并结合模糊关系演算来解决信息粒的编码解码问题，并且讨论了码本的优化问题。本书所设计的方案只需要很少的计算量，很多情况下 possibility 与 necessity 关系的值可以通过分析的手段高效获得。本书所提出的编码-解码机制的重要性主要体现在两个方面：可以作为粒计算的基本范式之一，即粒化-解粒化的概念性框架；有助于从应用的角度优化和解读粒计算的结果。

（2）本书所建立信息粒描述符能够很好地反映数据的拓扑结构，并且能够全面地表示原有数据。合理粒度准则通过在信息粒的覆盖率和具体性之间寻求一个平衡点来构造信息粒。通过设计合理的适应度函数并且采取一定的优化策略,本书构造出一系列满足要求的信息粒描述符。另一种很有意义的指标是通过信息粒所具有的信息重建能力来衡量的。通过形成一系列的信息粒描述符,原有数值数据对于原型的隶属度就变成了一个区间值。基于信息粒数据的重建使得重建后的数据不再是单个的数据点(type-0 数据);由于重建误差的客观存在,重建后数据被提升为 type-1 类型的数据,也就是区间数据。在多维度数据的情况下,也就形成了超立方体。本书通过特定的目标函数来衡量重建的质量,确定最优的信息粒粒度并自动确定最优的信息粒数目。

(3) 本书还提出一种产生超立方体信息粒原型的方法。一系列的超立方体信息粒组成一个 ε-信息粒簇。粒度数据能够更精确地描述原始数值数据并且因为其数目远小于数值数据的总数,所以基于粒度数据能够在有限的时间内迅速学习并训练好一个模型。与传统的数值型描述符相比,粒描述符能更形象地刻画原始数据的结构特点,并且通过增强数值描述符来建立粒描述符所需要的计算量很小。书中还开拓性地对信息粒的解粒化机制进行了深入的研究。

(4) 我们通过剖析粒计算的原理来建立基于规则的粒模型概念,使得所建立模型能够在数据抽象水平、结果的具体性和可解释性之间达到合理的平衡。传统的模型是以 $y = f(\boldsymbol{x}, \boldsymbol{a})$ 的形式建立的,其中 $\boldsymbol{a}$ 是一个参数向量。通过将粒化机制应用于参数 $\boldsymbol{a}$,使得参数 $\boldsymbol{a}$ 粒化,从而建立相应的粒模型: $Y = G(f(\boldsymbol{x}, \boldsymbol{a})) = f(\boldsymbol{x}, G(\boldsymbol{a})) = f(\boldsymbol{x}, A)$。通过结合模糊子空间聚类和信息粒度的最优分配,我们设计了一种新颖的粒 TS 模糊模型。与传统的模型相比,粒 TS 模糊模型及其预测结果具有更好的可解释性。

(5) 构建的比较合理的信息粒都具有特定的信息粒度,能帮助人们更好地关注系统某一层次的特定细节。我们期望所建立的信息粒越具体越好,这样它就具有明确的语义从而容易被解读。通过所构造的信息粒来指导数据的欠采样,就能很好地保留对分类器性能有重要影响的样本,并且移除异常样本,从而提高分类器的性能。同时,我们通过利用信息粒的相关信息对数值型数据进行加权处理,进一步提高了分类器的准确率。

8.2　未来工作展望

粒计算包括从信息粒的构建到基于信息粒形成一个统一的方法论和开发环境。粒计算涵盖了许多领域的知识,但是作为一个学科,粒计算仍然处在萌芽阶段，迫切需要对基本原理、概念和设计方法进行研究和定义。本书中的一些工作仍有深入研究的空间：

（1）针对第 3 章信息粒的编码与解码，在接下来的研究中，我们会更深入细致地研究多维信息粒的编码-解码和相应的码本的优化问题。还有一个值得研究的方向就是如何建立具有分层拓扑结构的码本，然后使用具有不同粒度的信息粒来进行编码。

（2）关于基于合理信息粒度创建信息粒，我们可以基于粒数据利用合理粒度准则来构造更高类型的信息粒，也就是 2-型信息粒进行研究。另一个值得研究的点就是设计一种更先进的构造层次状信息粒的方法。

（3）针对第 5 章中信息粒的创建，我们可以从以下几个方面对本书中的方法进行改进：可以对不同的维度上的变量采取不同的信息粒度，比如说 ε_1，ε_2，$\cdots$，ε_n，然后通过特定目标函数的指引对这些粒度值进行优化来增强粒描述符在覆盖率和具体性方面的表现；在第 5 章中，我们主要关注粒描述符对数值数据的描述。将来还可以研究如何用粒描述符对粒数据进行表示。

（4）在第 6 章创建粒模糊模型，对输入空间的数据进行聚类的时候，我们没有考虑实验数据的输出。在接下来的研究中，可以考虑利用实验数据的输出结果来指导在输入空间进行的聚类，以使建立的模型具有更强的预测功能。

（5）利用信息粒对数据进行采样的时候，可以在构造信息粒的时候将数据的拓扑结构这一因素考虑进来，并且在粒空间建立更精确的分类机制。